# くるくる自転車ライフ

こやまけいこ

イースト・プレス

2008年夏
ねぇ
実家に10年以上帰ってないってほんと？
遠いんだよー
2人で行ったら10万円以上飛ぶぞ
国内なのに台湾やグアムに行く方が安い
グアム4日間 ¥35,000×2
台湾3日間 ¥23,700×2
あうー
でもそろそろ帰ろうと思ってたんだ
一緒に帰ろうか
はじめましてこやまけいこです
旅が好きです
飛行機怖い
飛行機怖い
ガタガタ
今、羽田から福岡を経由して小さいジェット機に乗ったところ
五島
はじまりは五島から

やってきました九州長崎は五島列島福江島《ふくえじま》
ココ
五島列島
長崎県
福江空港
何もない…
ガラーン
何もないよ？
いや、いろいろあります
教会とか
海とか
灯台とか
うまい魚とか
きびなご
って、帰っていきなりだらだらするなー!!
だらだら
実家に帰って来とっとやけんだらだらして悪かとか！
五島弁
近くにサイクリングロードがあるんだって
五島
レンタサイクルがあるから乗ってみようよー
うわ
自転車ボロっ
キーコ
キーコ
キーコ
キーコ
カクン
カクン

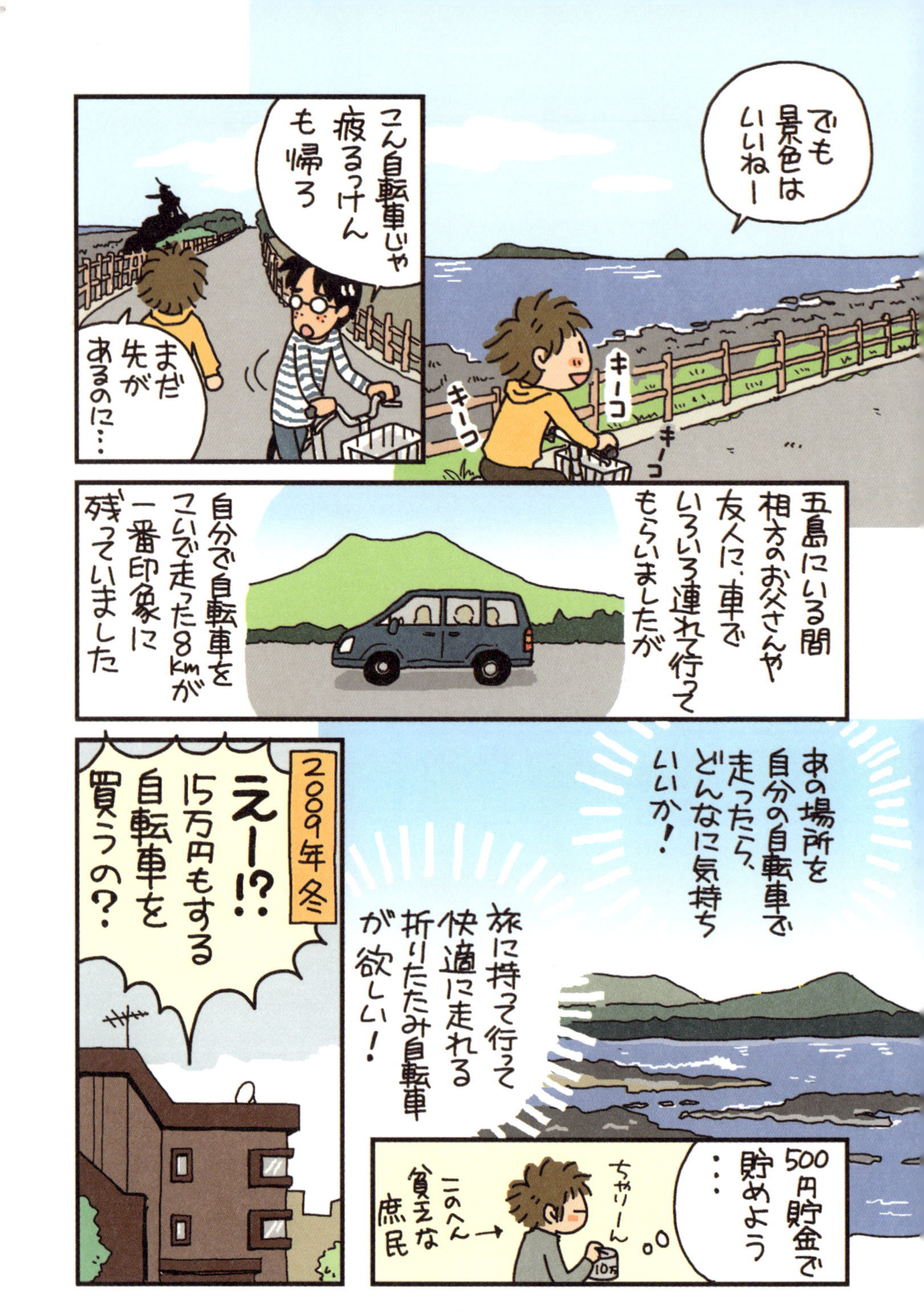
でも景色はいいねー
キーコ
キーコ
キーコ
こん自転車じゃ疲るっけんも帰ろ
まだ先があるのに…
五島にいる間 相方のお父さんや友人に、車でいろいろ連れて行ってもらいましたが
自分で自転車をこいで走った8kmが一番印象に残っていました
あの場所を自分の自転車で走ったら、どんなに気持ちいいか！
旅に持って行って快適に走れる折りたたみ自転車が欲しい！
500円貯金で貯めよう…
ちゃりーん
10万
このへん→
貧乏な庶民
2009年冬
えー!? 15万円もする自転車を買うの？

女子がスポーツ自転車を始める場合、彼氏や旦那さんの影響が多いようですがうちは逆でした
ママチャリ持ってるじゃん
ママチャリとは違うんだってば!!
こーゆーの
ミニベロ
バカじゃないの?
……
カタログ
?
ふーん
カタ
カタカタ
ジリリン
ジリリン
びくっ
今、自転車屋で試走したんだけど、在庫2台あるって―
なぜ私より先に店に行って乗ってる――!?
そう、相方はガジェット好き
PSP
PS3
一眼レフ
Xbox
Mac
この日が、その後の彼の行動を決める運命の日だったとは――
私も試走してから決めるよ…
なんかイヤな予感が~

横浜にある小径自転車で有名な自転車屋
試走ですか?どうぞー
店員さんはなぜか全員イケメン
これも捨てがたいんだよね
かわいいし折りたたみ性能いいしー
「Brompton」(ブロンプトン)16インチ折りたたみ
でも、走りの感じは「BD-1」の方がいいよ
近所をポタリング《ぶらぶら》するだけじゃなくて長い距離も走れる
なによりかっこいいだろ!
いつの間に私より本気になってませんかー?

悩んだ末にふたりで買った最初の自転車は、BD-1

折りたたみ小径自転車ではそこそこの走行性能がある車種です

納車日は、12/26という年末ギリギリしかも、午後遅くなってから
寒いよー
暗いよー
とっぷり
怖いよー
誰？輪行は途中までにして、後は自走しようって言ったの！
だいたい何で横浜で買うのよ？
寒いよー
※輪行・自転車を電車などの交通機関で運ぶこと
初めてのサイクリング
真冬・夜・超初心者なのに22km
ぐ
でー
しんどかったけど帰宅して食べた弁当のうまかったこと！
んまーい！
その後、BD-1と一緒にご近所から海や山までいろんなところに行きました
サイクリストとしてはヘタレな私たちですが、
今日もくるくるしてます。

もくじ

column

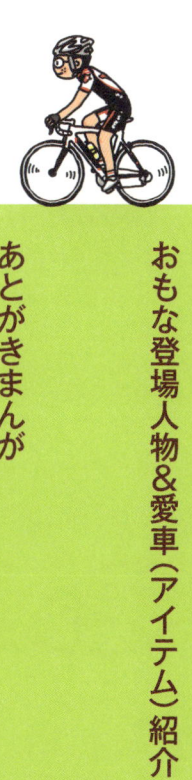

## ●わたし

すき間マンガ家／イラストレーター。
20代は貧乏バックパッカー。
ぼんやりしがちなアラフォー世代。
脚力はないが、体だけはじょうぶ。

**■BD-1 COMPACT（2009）**
一番最初に買った18インチ折りたたみ小径自転車。
近所から旅先まで数十km以上走りたい時に活躍中。
STANDARDより少しハンドルポストが
手前に傾いているので小柄な人向き。

**■Pacific CARRY ME III（2011）**
8インチ折りたたみ小径自転車。
折りたたむと非常にコンパクト。
シングルギアだけど
そこそこ走ってくれるので、
旅先で平坦を10km程度走るくらいなら
こっちを持って行く。

## ●にゃんこ先生

「先生」とあがめ奉られる
我が家の絶対的支配者。
本名は下弦《かげん》さん。

**■Water & KariKari**
水は左、カリカリは右でないと
落ち着かない。

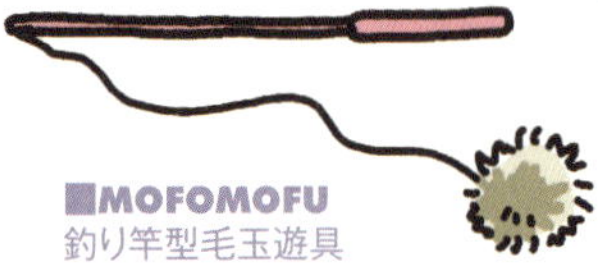

**■MOFOMOFU**
釣り竿型毛玉遊具

**■MOUSE**
キャットニップ入りで猫まっしぐら。

## おもな登場人物&愛車（アイテム）紹介

**●相方**

フリーランスのCG屋さん。
体力のなさを
科学の力で補う物欲魔神。
片時も自転車から目を離せない
極度の盗難恐怖症。

**■KUOTA KHARMA（2010）**
相方がBD-1をカスタマイズし尽くした後に買ったカーボンロードバイク。
コンポーネント（変速関係とブレーキの総称）はULTEGRA（アルテグラ）。

**■Pacific CARRY ME（2009）**
主に自宅から数kmの範囲と青山にある
某自転車店に行くために活用中。

**■BD-1 STANDARD（2009）**

ギアを9速化、クランク、ホイール、ハンドルなど
カスタマイズしまくって、今や純正品はフレームくらい。
ロードバイクに乗り始めてから、折りたたみ方も忘れがち。

## 逆風人生

わたし
職業は
零細イラストレーター
自転車が趣味です
BD-1
Compact
向い風もなんのその
びょおおぉ
出版社倒産!?
ギャラ未払い
なのに!?
ガーン
人生にも
逆風吹いてます
おしらせ

## 貧脚人生

同居人の相方
CG屋さんです
やっぱり自転車が
好きです
BD-1
8 SPEED
改造済
キメキメで乗るけど
ママチャリに抜かれます
ああっ
キコ
キコ
キコ
キコ

## IT猫

にゃんこ先生
我が家の影の支配者
物心ついた時から
IT猫としての
英才教育を受け
ケーブルかむなーっ
バシッ
ミャー
最新機器のチェックは
おこたらない
Mac Pro
スリスリ
タブレット
空気清浄機
ピッ
ゴー
当然自転車も
チェーンはやめてー
ひーっ
DD-11
スリスリ

## 箱がくるくる

お届けものですー
宅配便ですー
はんこお願いします
1日に箱が6個届くこともある…
それが我が家
Amozon
Amozon
cycle
猫砂
猫砂

## サイクルコンピュータ

サイクルコンピュータ
自転車の速度や走行距離がわかる便利な機械です
オレは、PCにUSB接続できるタイプの使ってるよ
Web上に自動で記録してくれるし一
友人A
SNSみたいに友だち同士でリンクしてお互いの記録がわかるからおもしろいよ
私も買う一
やりたいー!
Win版だけかい
ふ、…

## デジタル一眼レフ

相方は、カメラ好き
買っちゃった〜
これでもう当分カメラは買わないから
SONYのフラッグシップ機
ズッシリ
ふーん
半年後、自転車を買う
これからは、自転車に乗って被写体を探すんだ
カシャ
カシャ
専用のカメラバッグも買う
これだったら走行にも支障ない
さらに半年後
一眼レフ重いからコンデジ買っちゃった
いいよ〜
アウトドア用薄型カメラ
ちょっと待て

## ミシン

ミシンを買ってもらう
わーっ
クッションとか
座イスカバー
作って欲しいな…
カタカタ
カタカタ
カタ
洗車で使うでしょ
できた
どっさり
ウエス(ぞうきん)
結局自転車かいっ


## 物欲

GPS欲しいなぁ
PSPで代用してるからいらないでしょ
レンズより安いよ?
もう当分、デジタル機器は買っちゃだめ!!
30万円
しょんぼり…
3カ月後
ロードバイクデビュー
ちょっと待て

もっとパワーアップを！
サイクルパーツカタログ

全部パーツ？
猫砂
Amozon
cycle
Amozon

## 相方のママチャリ盗難歴

自宅前に置いていたら知らないU字ロックが
誰の!?
1台目
カギを壊されて近所に乗り捨て
オレのチャリ〜
ボロッ
2台目
カギをかけ忘れたらなくなる
ないっ
ないっ
これは自業自得じゃ…
3台目
戻ってきたがサドルがちょっと上がっていた
犯人はオレより足が長い奴だ!!

## 初めてのパンク

サイクリングロードのダート（じゃり道）でパンク
あ
自転車乗りならパンク修理くらいできないと!
1時間以上かかって修理完了
ウヘー 雨まで降ってきた
シャー
モタ
モタ
?
その間誰も声をかけてくれなかった…
ギャルじゃないから?
ポン

## 盗難予防法

もしロードバイクを盗まれたらオレは死ぬっ
うん…
30万円
そういうわけで部屋に保管
よし
トイレに持ち込み
遠くに行ってもそのまま帰る
目的地は自宅だぁっ

## にゃんこ先生の留守番

予定より遅くなっちゃったねー
ごはん食べて帰るか
楽しかったー
ガチャ
ただい…
わぁっ
めし～
めし～
めし～
めし～
めし～

## 走る理由

これからはもっと長い距離を走る練習をしよう
えー？
そのためには今のままじゃだめだっ
ギアを軽めにして、ケイデンスを上げて、前傾姿勢巡行速度をキープする
タイヤやホイールも軽いのに変えて負荷を軽くするとー
くどくど
くどくど
江ノ島に生しらす丼食べに行く？
うん♡
往復100km

## サイクリングロード

天気がいいといろんな人が走ってるねー
リカンベント
電動車椅子で犬の散歩をする人
パンツ一丁で走るおじさん

## もっと遠くへ

次はどこ行こうかなー
輪行もいいなぁ
奥多摩
京都
房総
大島一周
しまなみ街道
サイクリングワールド
岐阜の友だちのとこにも行きたいねー
自走でな
片道350kmだよ?
マジです

## 補給食

長距離サイクリングには走行中にもエネルギー補給が必要です
あんぱん
薄皮あんぱん
機能性ゼリー飲料
in
in
などなど
オレはようかん派
よくコンビニに売ってる80円位の
わたしはおにぎりとケーキかな
もぐもぐ
たい焼もいいよね
たい焼き
柴船
補給しすぎっ
もぐもぐ

地球ロック
電柱や木など動かせないものにくくりつけて鍵をかける方法
それでも盗まれる時は盗まれるのよ〜〜

## 自転車密度

わたし
職業イラストレーター
タブレットで描いてます～
同居人の相方
CG屋さん
さぼりじゃないのよレンダリング待ちよ
マンガ
にゃんこ先生
主に自宅警備を担当
3人だけど自転車たくさんあります

## 全部で6台

昔から使っているママチャリが2台
さらに折りたたみ自転車BD-1が2台
盗難防止で部屋に保管してます
BD-1
最近部屋が狭くなったね
ロードレーサー
8インチの折りたたみ
この半年でさらに2台も買うからでしょーっ
引越するか
日当たり悪いし契約更新もうすぐだし
引越代は誰が払うの!?
ニャ～
冗談かと思ったらマジだった

## ネットで物件探し

ねえねえ いろいろ いい物件 見つけたん だけどー
北千住
成増
戸田
立川
府中
高幡不動
調布
朝霞
どう？
なに!?
この節操のない場所設定はっ
全部、サイクリングロード（荒川と多摩川）の近く….
朝霞
戸田
成増
北千住
立川
府中
調布
高幡不動
東京周辺図

## 貸家のメリット

多摩川のそばに築40年の安い貸家を見つける
ここ いいじゃん
ボロッ
庭付き
ペット可
楽器も オッケー
梅だ
3本ローラー台も置ける!!
室内練習用 雨の日に 乗ったりする
ちょっと うるさい
ガーーーーッ
家賃が減った分 新しい自転車 やパーツも 買える
ちょっと 待て
ぐっ

## 引越の見積もり

引越業者に見積もりを頼む
パソコンいっぱいありますねー
ええ商売道具なんでー
使ってないの入れたら10台以上あります
自転車もすごいですね
これは自分たちで運びます
もしかしてプロですか？
マジ
ぶんぶんっ

## 引越当日

時間がないので梱包も業者に頼むことにする
あとはもうプロにやってもらおう
どっさり
じゃあ先に引越先に行ってるね
ニャー
ニャー
ニャー
せっせっ
トラック遅いなぁ
ぼーーーっ
手伝いに来てくれた友人
私の部屋の荷物は3DKの荷物全体の半分以上あったという……
梱包終わらねーっ
本
本
本
本
本

## 仕事部屋奪取

今度は日当たりがよくて広い部屋もらうよ
うん
洋6
4.5
LDK
ああこれでBD-1を折りたたまずに置ける……
うっとり
しかし、引越直後は自転車どころでなく
ぎう ぎう
本
本
片付いたと思ったら西日がまぶしい部屋だった
カッ

## 隠れ砦《とりで》

宅急便が届かないなー
今日届くはずなのに…
家、見つからないんですけど番地合ってます？
えーっ
合ってますよ
その後も、我が家にたどり着けない宅配業者が続出
一戸建ての平家なんですけどー
あー
どこだーー？
ココです
うろうろ

## 夜のサイクリングロード

またアイツに会ってビビッたよー
ただいまー
最近多いね
そう、夜のサイクリングロードには「出る」んです
えっ
ふわっ
幽霊!?
びくっ
夜なのに全身黒ずくめのジョガーがよくいます
まっ黒
我が家では忍者と呼んでます

## 器用な人々

ケータイしながら自転車
危ないね
※違反です
ケータイと音楽
周り見えてる?
ケータイと音楽と本
iPod
ケータイ
文庫
曲芸ですか?
子どもを乗せてケータイしながら車道を逆走
ブオオー
怖すぎます

## 沼ボーイ

自転車好きの人間が一度はまると抜けられない恐ろしい沼がある
その沼はイギリスにあるという
Wiggle
U.K.
日本で買うと10万のGPSが4万で買えるんだよ!
ああ、タイヤもホイールもこんなに安い
恐るべし海外通販
これなんてたった8万だし～♪
ズブズブ
錯覚だから!それでも高いからっ
もどって

## 真夏の悪夢

ある夏の深夜――
先に風呂入るよ
?
じー
じー
じょりりー
ぎゃーーっ
ぬっ
相方、真夏に突然の奇行
どう?
暑いしさー
前からやってみたかったんだよね

# 折りたたみ小径自転車

小径(タイヤが小さい)自転車を総称して「ミニベロ」
折りたたみ自転車を「フォールディングバイク」ともいいます

こぎ出しが軽く小回りがきくので街乗りやちょっとしたポタリング(※)には最適
工具なしで折りたためるタイプは、輪行(※)もしやすいよ
折りたたむと収納も省スペース

ロードバイクには劣るけどそこそこのスピードが出て100km以上の長距離でも楽に走れる車種もあります

タイヤが小さいと慣性が働きづらいため、こぎ続けないとすぐ失速したり、段差に弱いという弱点も。

おしえて!にゃんこ先生
タイヤが小さいとこぐのが大変じゃない?
ひとこぎで進む距離は、タイヤの大きさだけでなくギア比で変わってくるんだ
スポーツ系のミニベロは変速機が付いているから、ママチャリよりずっと楽に速く走ることが出来るんだよ
♪

※ ポタリング:自転車で散歩のようにのんびりぶらつくこと
※ 輪行:自転車を自走せずに公共交通機関を使って運ぶこと

## ロードバイク

舗装路《ほそうろ》を「速く長く走る」ための自転車。
泥よけ、スタンドなどは、ついておらず
荷物もほとんど積めない。
また、高価なため、盗難防止に
やや神経を使います。

ロングライド（長距離走行）
ヒルクライム（登坂レース）
レースなど、とにかく走ることを
楽しみたい人向け。

最近は
女性ユーザーも
増えてるよ
ドロップ
ハンドル
高性能
多段ギア
溝の少ない細いタイヤ

## MTB
## マウンテンバイク

街乗りだと
段差に強い
わよ

林道や荒野など オフロードを
走るための自転車。
太いタイヤ、振動を吸収する
サスペンションが特徴。
舗装路よりも、
野山を駆け巡りたい人向け。

## クロスバイク

ロードバイクとMTBを足して2で
割ったような性能の自転車。
比較的安価なため、街乗り、
自転車通勤から、趣味のサイクリング
まで 利用者が多い。
汎用的な反面、どの機能も
中途半端で、結局は ロードやMTBに
乗り換える人も少なくない。

通勤で
使ってます
もちろん
仕事は
着がえてから

ランドナー
(ツーリングバイク)
たくさん荷物を積んで
日本一周する？
シクロクロスバイク
オフロードを走る太めの
タイヤ、泥が詰まりにくい
カンチブレーキが特徴。
レースでは、かついで
運ぶこともあります
BMX
20インチの競技用自転車
障害物レースや
技を競う
フリースタイルなど
ピスト
(トラックレーサー)
本来は、競輪や
トラック競技用自転車
公道では
前後ブレーキ
必須よ！
他にもいろいろ
あります
●初めてスポーツ系自転車を買うなら●
予算は
5万円以上
ロードバイクなら
10万円以上は
用意したい
通販は使わない、
使うなら、経験者
のアドバイスを！
出来れば
試乗したい
自転車選びは、
予算や機能の他
見た目の印象も大事です
ヘルメットと
グローブも
忘れずにな
やんや
ホームセンター等の
安い自転車は
パーツや組み立てが
悪いので、オススメ
しないよ
やんや
気に入った1台が
買えるといいですね！

100万〜200万くらいで
車だとF1は
買えないけど
自転車なら
プロ仕様のものが
手の届く金額で
買える！
ちょっ
買わないでよ〜

## しろくまのきもち

熱中症対策にひんやりネックバンダナを買った
15分水に浸す…と
ジャー
まだーー？
早く出ないと日が暮れるよ
もうちょっとー!!
日焼け対策も念入りに
UVアームカバー
おいおい大丈夫かー？
だらだら
はぁはぁ
この夏、2回くらい忘れたと思います
浸けっぱなし…

## 坊主のきもち

突然セルフ坊主になった相方だが
After
Before
スッキリ
定期的に刈るのは大変そうだ
風呂
じー
じー
ゴミ箱持ってきてー
バリカン
これか…
目的のためには効率化の努力を怠らない…それが相方
Amozon
ヘアーキャッチケープ
¥1,680

## 自転車のきもち

8年くらい前に買ったママチャリ
○印自転車
4000kmぐらいは走ったんじゃないだろうか
ギアもチェーンもさびさびで危ないよ
ブレーキきかないし廃車にするよ
ボロッ
長い間どうもありがとう——
そういうわけで、今買い物に使える自転車がありません
持ってるじゃん
BD-1
あれは盗まれるからダメッ
妹

## 猫のきもち

今年の夏は暑い
エアコン
ゴー
あー
あー
キィ
ああトイレね
あー
あー
自動ドアかいっ
スルッ
エアコン…
にゃんこ先生もエアコンは好きらしい

## 江ノ島に行こう!

最近、忙しいとか暑いとかで全然走ってないだろう
ビシィ
ぎくっ
じゃあ山の方走る?
涼しそうだし…
いや、江ノ島だ!
今行くなら絶対、江ノ島だろう
?
江ノ島に何が…?
そんなわけで往復100kmのロングライド決定

## ロングライド仕様

補給用のボトルを増設してみたよ
サドルのうしろに…
かっこいい
乗るとき
あ
ケリッ
降りるとき
ガッ
いてえっ
足がみじか…
あわれみ…
言うなっ

## アメとムチ走行

行きは、向かい風でスローペース
よろ
よろ
調子出ないよーー
20km地点でおにぎり
どうだ元気でたか
うん
もぐ
LOWS
もうちょっとで江ノ島なのに寄り道!?
くりっ
はぁ
つかれたよー
50km地点でソフトクリーム
食えうまいか?
ぺろ
ー私は子どもか
MILK HOUSE
飯田牧場

## 江ノ島で見るもの

やっと着いたー
江ノ島の海
江ノ島の犬
水中メガネ
そして
江ノ島って…これかよっ!
これだよ

## 江ノ島観光

おなか すいたー
ふら〜
とりあえず メシだ
しらす丼 うまっ
ねぎとろ丼 うまっ
行きにだいぶ かかったから
暗くなるし 食べたら すぐ行くぞ
もう 午後3時 すぎ
滞在時間は40分でした
江ノ島の想い出
水着ギャル♥
釜揚げしらす丼
海

## 相方の受難

買ったばかりの フロントバッグに穴が空く
タイヤで すれた
意を決して買った 高いパワージェルが 超まずかった
なに この味
疲れてぼんやりして
Mimi STOP
ぼー
トイレ 行ってくる
鍵をかけ忘れて覗かれる
ああっ
きゃっ

## 雨との攻防

帰りは追い風に乗る
今のうちにガンガン進めー
雨が降ってきた！
雨雲から逃げるぞ!!
小雨で気持ちいいのに、なにを急いでるんだろ?
早くっ
ペース早いよ
はぁ
大事なGPSがぬれるだろう!?
防水だけど
ああ

## ナイトライド

わー日が落ちちゃった
とっぷり
ぜいぜい
はぁはぁ
疲れたよー怖いよー
がんばれ！
帰ったら近所の焼鳥屋で晩ごはんだ！
こうして、江ノ島までの往復110kmを完走しました
なんかこれじゃ走ってるか食べてるかのどっちかじゃ…
さぁ食え
ははは
はっ

江ノ島名物
しらす丼

飯田牧場の
ソフトクリーム
境川サイクリングロード
近くにある
サイクリストご用達の店
ジェラートもあるよ！

## ロードレース観戦初心者

春から秋にかけては自転車ロードレースの季節
特に、世界三大ツールは盛りあがります
7月 ツールドフランス
9月 ブエルタ エスパーニャ
5月 ジロ・デ・イタリア
フランス
スペイン
イタリア
しかし、中継はスカパーのみ
ジロ・デ・イタリア公式サイトでストリーミングで見られるって
おっ
現地中継だから何言ってるかさっぱりわから～ん！
イタリア語
ペラペーラ ペラペラ～ ペララ
画像も小さい

## ツール・ド・フランス

引越してから jsports(スカパー)に加入する
やったー!! ツール・ド・フランスはテレビで見られる～!
フンパツして買った42インチテレビ
この頃坊主に
きれい～ 画面大きぃ～
実況と解説が日本語だよ～
わかる わかるよ!
と、この夏、我が家では非常に盛り上がっていたが
世間一般のブームからは取り残されていた
え?
ワールドカップやってたの?
ブォオエエエ
ブブゼラ?

## 観戦の基礎知識1

2010年のツール・ド・フランスはプロローグ＋20ステージ
ロッテルダム
スタート
2010年コース
パリ
ゴール
アルプスの山々
ピレネーの山々
2日間の休息日を除いて毎日150km〜200km以上走行
ハァハァ
ジリジリ
コースは、平坦あり、山あり
山
平坦
ガタガタ道
今年はパヴェ(石畳)もあり
どう考えても何かの罰ゲームとしか思えない
アルプスやピレネーの山を自転車で登ります

## 観戦の基礎知識2

ロードレースのルールってややこしいなー
まぁ、自分が勝てばいいってわけじゃないからね
公式ガイド
チームにいるエースを勝たせるのが目的だから、チームごとの駆け引きがおもしろいんだ
エース
アシスト
※例外もあります
ちなみに、今年のツールは、各チーム9名ずつの22チームが参加
つまり、198人
22チーム？
公式ガイド
こんなに覚えられんわーっ
バンッ
カタカナの名前は苦手です

## ツールの4賞ジャージ

総合優勝者は
黄色いジャージを着て
走ります
目立ってかっこいい
マイヨジョーヌ
ポイント賞は、緑
さわやか!
マイヨヴェール
新人賞は、白
初々しいね
マイヨブラン
山岳賞が
大坂の芸人ぽく見えて
しまうのは私だけ?・
そらあきまへんがな
マイヨブラン
アポアルージュ

## 満身創痍

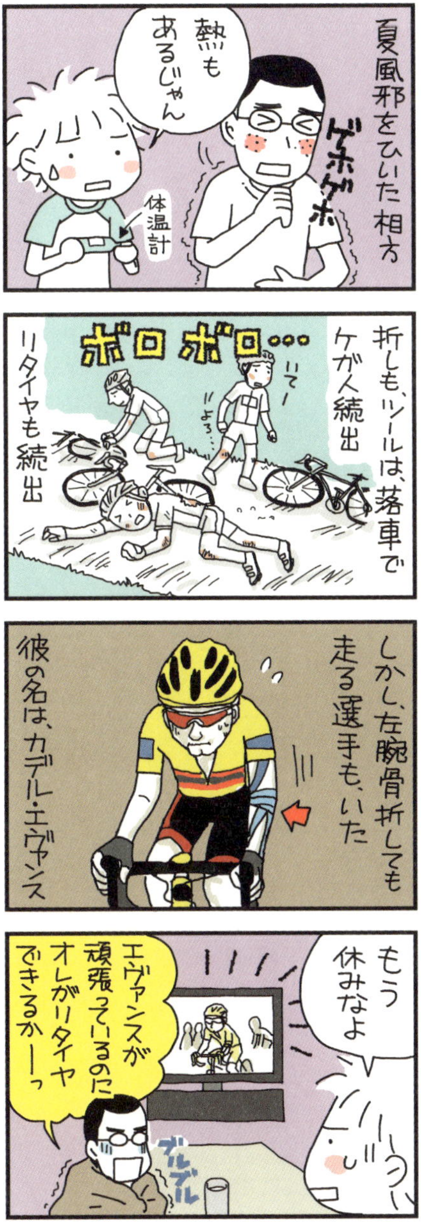
夏風邪をひいた相方
ゲホゲホ
熱もあるじゃん
体温計
折しも、ツールは、落車で
ケガ人続出
リタイヤも続出
ボロボロ…
いて!
よろ…
しかし、左腕骨折しても
走る選手も、いた
彼の名は、カデル・エヴァンス
もう休みなよ
エヴァンスが
頑張っているのに
オレがリタイヤ
できるかーっ
ブルブル

## レースは最後まで

連日のレース観戦についに私はリタイヤ
今日は仕事あるし観ないよ
風邪ひいてるんだからレース結果わかったら寝なよー
いや表彰式まで観ないと
なんで?
これかよっ
表彰式のお姉さん

## ツール観戦の置きみやげ

3週間ほぼ毎日
夜の9時頃から1時過ぎまで
ホッピーやおつまみを食べながら観戦
恐るべし、ツール・ド・フランス
プックリ

ジャージの色は
スポンサーに由来するんだ。
赤玉カラーは、以前
スポンサーだったお菓子会社の
キャンディーの包み紙なんだって。
にゃんこ先生の
豆知識

風景を見る
だけでも
きれいです

## 主なハンドサイン

右折します
左折します
これもアリ
停止します
片手運転は苦手です
うう
なんだよそりゃ
ちょす

## かっこいいハンドサイン

サイクリングロードを走っていたら…
サッ
左折〜
くりっ
あ
ほわわ〜ん
かっこよかったよー
スマートな手信号…
オレもいつもやっているんだよ
それだってかっこいいだろ？
あー？

## ボディサイン

『なでてください』
腹みせっ
『おなかがすきました』
じーっ
『ごはんをください』
たっち
『飯よこせ、ごらぁ』
にゃんこ先生のサインは
わかりやすい

## モテサイクリスト

サイクリングロードを
やみくもに爆走するより
オレっていかしてるゼッ
周りの状況を見ながら
安全走行する
ドーン
かっこいい!
その方が
絶対
・・・
もてます!
ボサボサ
あんたに
言われても
なー
おばさん
スッピン
女捨ててるっぽい

Casual
SUMMER
目を守るために
UVカットのアイウェア
日焼け止めは
強めのものを
忘れずに！
熱中症予防に
冷感マフラーも
あるといいかも
速乾・通気性のよい
ドライTシャツ
カジュアルな
ヘルメットも
増えてます
腕のUVカットには
アームカバーが最強
ボレロタイプもあります
指抜きグローブ
涼しくなった時や
小雨が降った時など
ウィンドブレーカーが
1枚あると重宝します
小さく
たためる
ストレッチ性の高い
7分丈パンツ
もも部分にポケットが
あると何かと便利
スニーカーは
ヒモの先が外に
出ないタイプが
安心
ドライ系ソックス

Casual
WINTER
走っていると暑くなるので厚着しすぎに注意
ネックウォーマー
インナーはヒートテックとフリースなど
サイクルウェアに気に入ったものが見つからなければランウェアやアウトドアウェアを組み合わせると楽しいです
防寒グローブ
ストレッチ性の高いカーゴパンツ
ハーフパンツ+タイツの組み合わせもかわいい!♥
チェーン巻き込み予防のため裾クリップを忘れずに!
ジーンズは長距離には向きません

Racer Style
●ロードバイクに乗るかっこかわいい女の子たち●
髪の結び目は
ヘルメットと調整ベルト
の間から出すと
いい感じ
街乗りでも
サイクルジャージの
上だけなら
カジュアルパンツと
合わせても
快適でgood!
サイクルジャージは
バックポケット
が便利
下着は
スポーツブラを
でも
なかなか合うのが
なかったり‥
ストレッチ
スカート
パッド付
レーサーパンツ(レーパン)
下着はつけずに
はくので
スカートを合わせて
はく女の子も多い
パッド付の
ロングタイツ
クリート
(いろいろ種類
があります)
ビンディングシューズ
ペダルを足の裏に固定するために
クリートという接続部が付いているサイクルシューズ
ペダルとシューズが固定されると
引き足も使えるので
ペダリング効率が上がります
ペダル
も専用
です
女性用サイクルウェア
は、ピンクや水玉が
まだ主流.
もっといろいろ出して欲しいよ
レディースコーナー
かわいすぎて
着れない

ロード用のビンディングシューズは
すべって歩きづらいので

よち
よち
よち
よろっ
カッチャ
カッチャ
カッチャ
カッチャ
ペタ
ペタ
ペタ
自転車を降りると
みんなペンギンに
なります

## お届けもの確認

引越当初は家が見つからないと
宅配業者から苦情続出の我が家でしたが
ここにある
今ではすっかり覚えてもらいました
○川ですー
今日はこやまさん宛にひとつですねー
お疲れさま
今日は3つですねー
なぜ、いちいち個数を言う?

## ママチャリ問題

新しい買い物用自転車が欲しくなる
うーん
買い物ならやっぱりママチャリかなー
でもメンテナンスしにくいし
雨ざらしになるからまたすぐだめになるよ
じゃあ…
アルミ製のクロスバイク?
それとも室内保管できる折りたたみ?
だめだめっそんな予算ないしっ
目的忘れてないかー?
1コマ目に戻る
カタログ

## 散財日記

8月某日
仕事用にちょっと高い椅子を買った
8月某日
相方がiPadを買った
アイデアスケッチ用にさー
高いお絵描き帳だな
9月某日
マウスが壊れる
あれ??
カチ カチカチ カチ カチ カチ カチ
マジックマウスが欲しかったので新型iMacを買った
27inchはでかいわー
高いマウスだな

## 愚者の贈り物

8月某日
相方が軽いタイヤとホイールをくれた
これでもっと楽に走れるぞ
わーい
これは『クリスマスプレゼント』だからね
ミーン ミンミン ミン ミン
ジ~~~~ッ
・・・・
9月某日・寒波来る
仕事部屋寒いーー死にそうー
それなら足元ヒーター買ってあげるよ
これは『クリスマスプレゼント』だからね
・・・・
我が家に今年のクリスマスはない

## 初秋旅行

涼しくなったし
輪行したいなぁ
サイクル生活
輪行とは
自転車を電車や車で運ぶこと
着いたら自走するよ
自転車
水戸芸術館でマンガ展
ひたちなか市の友人・Fさん
あそびに来て～
マンガ家です
茨城か…
再来週行くから
決定事項かよー
茨城ガイド

## 持ち物リスト

ホテルに1泊だから着がえは少なめに
下着とシャツの替えくらい
輪行袋
地図
パンク修理キット
コンパクトになるウィンドブレーカー
携帯ポンプ
自転車の鍵も忘れずに
❶重いけど頑丈で地球ロックできるもの
❷手軽に施錠できるダイヤル式
オレの鍵も持ってけ
なっ
う、うん
なぜか鍵を3つも持つ羽目に
❸
心配症

## 輪行計画

今回のルート
至小山
岩瀬
水戸
水戸線
自走
(40kmくらい)
つくば
つくばエクスプレス
秋葉原
自宅
自走
岩本町
GoogleMapで予習
GPSがあればな〜
時刻表もチェック
この乗り継ぎで完ペキッ
しかし、輪行袋の装着に戸惑い
電車が行っちゃうー
えき
もた
もた
予定の電車に乗り遅れる

## 痛恨の一撃

つくば到着
パン屋さんで昼食を買おうっと
1983
ピーターパン
ああっ
開ける鍵忘れた…
コレ
…
一番重い鍵はただのおもりに…

## つくばりんりんロード

つくばりんりんロードは廃線跡に作られたサイクリングロードです
岩瀬
JR水戸線
旧筑波線
（約40km）
JR
土浦
つくばエクスプレス
つくば
ホームの名残もあって
まっすぐな道で気持ちいい！
のんびりした雰囲気
標識があっても
交差点注意
あっ
畑道だったりします
のどか〜
交差点注意

## 安全走行

岩瀬駅から輪行して水戸駅に到着
ガタタン
ガタタン
JR 水戸駅
JR東日本
MITO STATIO
無事に着いたよー
パンクもトラブルもなかったよ
えへん
日頃の行いがいいからね
自転車の鍵忘れただろ
バーカ

## おひとりさま満喫

マンガコーナ
水戸芸術館でマンガをむさぼり読み
カンドー
※もちろん原画も見たよ
納豆ねばり丼を食べ
めかぶ
納豆
とろろ
おくら
まぐろ
なめこ
ホテルのアロマルームでマッサージ椅子を堪能
〜♪〜♪
ウィン
ウィン
おひとりさま最高!!
でもにゃんこ先生がいない…
くすん
オレは!?


## 旅の誤算

翌日はひたちなかツアー
常盤線
勝田
ひたちなか海浜鉄道
水戸
那珂湊
太平洋
海岸沿いを走ったり
ローカル線に乗ったり
友人にも会うのだ
楽しみ〜
5年ぶり?
MAP
翌朝
ザーーッ
ざぇーっ

## 茨城センス

雨の中、頼もしい助っ人が登場!!
今日は、車でいろいろ案内しますよ!
だーっ
二女・はっぱちゃん
マンガ家・Fさん
助かったよー
まずは、名物の干し芋屋さんに、行きましょう
なぜ石像?
干し芋の形
なぜ恐竜?
茨城にはこういうの多いんです
ほしいも

## くるくるFさん

那珂湊おさかな市場
向こうでランチにしましょう
仕事はどう?
まだまだっ
もっと描きたいですよー
マンガ家の目
でも、この先子ども二人とも保育園に預けていいのかなーって
お姉ちゃんは保育園なの
母の目
じゃっ私、あっちの干物見てきますから!
安いよ!
今度は主婦の目になってる!?

## 旅の落とし物

自転車出しますね
楽しかったよ～ありがとう
ばっう
ガッチャン
わ～～っごめんなさいどーしよ～
だいじょうぶ!
と、帰ったが
ほらちゃんと動くよ!
大丈夫じゃなかった
あれ?
バックミラー
ポキ

※元々弱っていたのでFさんのせいではありません。
強いて言うならとどめを刺されたというか。(笑)

## 電車と自転車

帰りは、ラッシュをさけるため早めに特急で帰宅
自転車は車両一番うしろの席のスキマに入れるといいです
行きは8時間帰りは3時間かー
電車速いね
ガタタン
ガタタン
で、今回何キロ走ったの?
1日目だけだから41キロかな
オレは家にいたのに60キロ走ったよ
ムキーッ
フッ

輪行の旅は
距離や時間じゃない
のです

## 宇都宮ジャパンカップ2010

ジャパンカップ見たいな〜
ツールに出た選手も出るよ〜
アラシロとか
よし行こう
というわけで、毎年宇都宮で開催されるサイクルロードレースを
ブオオオオ…
バスツアーで初観戦!
ここがジャパンカップの聖地・宇都宮か……
それじゃ早速……
ドキドキ
宇都宮餃子
餃子食うか
もぐ もぐ

## いきなりサイン大会

あれ、海外チームの選手じゃない?
おっ
サインくださいー
写真もいいですか?
わらわら
サラ サラ
たくさんサインもらえたね
みんなかっこよかったな〜
でも、どれが誰のだかさっぱりわからない
サイン

## 公式グッズ

公式グッズ売場
これも…
そんなに買うの？
でかいサコッシュ
2010 JAPAN CUP CYCLE ROAD RACE
役に立つからいいでしょ
携帯ざぶとん
宇都宮ブリッツェン
これとこれください
1万3千円になります
チームキャップ
寒いからしょうがないんだよ？
うふふ
レプリカトレーニングジャージ
恐るべし宇都宮ノ

## ベルと反射板

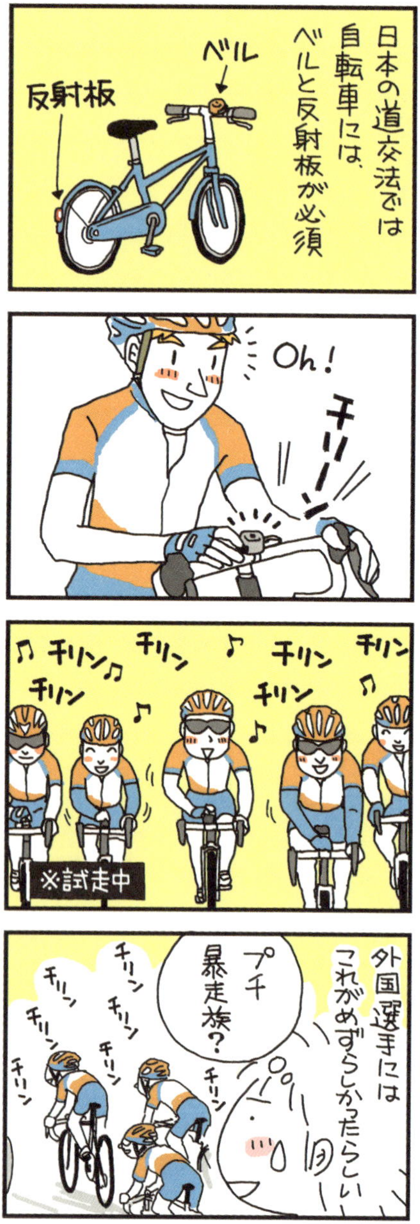
日本の道交法では自転車にはベルと反射板が必須
ベル
反射板
Oh!
チリーン
チリン チリン チリン チリン チリン チリン
※試走中
外国選手にはこれがめずらしかったらしい
プチ暴走族？
チリン チリン チリン チリン チリン チリン チリン

## クリテリウム

グッズ売場
たくさん買っちゃったね
ほくほく
オリオンスクエア
ここでプレゼンテーションやトークイベントやるんだー
そろそろクリテリウムの場所取りするか
駅前の大通りで周回レースなんて楽しみ！
しかし、すでに時遅し
なにこれー!?
ぎう ぎう
3万人の人垣に阻まれる

※クリテリウム：街中に設定された短いコースの周回レース

## Twitterつながり

宇都宮クリテリウムなう
どこで観てるの?
カチ カチ
えーと
ワーッ
BANK
二丁目交差点の銀行側・・・
すごく近い今、そのへんにいます
えっ
3万分の一の偶然なう
はじめまして
どうもー

## 宮澤選手の応援

宮澤選手は、麩菓子《ふがし》好きで有名です。
エネルギーが高いわりに、
脂質が少なく
糖分が取れるところがいいとか。

でも、食べたら口の中が
パサパサになるから
補給食には向いてないよね。

## ジャパンカップ本番

2日目は宇都宮森林公園周回コースの本番です
古賀志林道
スタートゴール
山岳賞ポイント
のぼり
1周14.1km
くだり
牧場
平坦
県道
観戦ポイントは一部移動できます
移動バスの中で朝食
こんなに食べられないよ
眠い……
ぞろぞろ
でも今度こそいい場所取らないと
早く買わないと売り切れちゃう!
物販ゾーン
安売りしてる
またかいっ


## ロードレースの迫力

実況ラジオを盗み聴きしながら
まもなくスタート地点へ戻ります
選手の息づかいと風の音
目の前で繰り広げられる接戦は迫力の一言
わっ
シャーッ
速すぎて動体視力が追いつかん…
シャーッ

## 古賀志林道

ううー 寒いね
さすが 山の中
ぶるっ
寒かったら 古賀志林道を 登るといいですよ
友人
って 言ってた けど
じゃあ 山岳ポイント に移動するか
?
はぁ はぁ
すごい 坂道
ほんとに 暑く なってきた
そんな坂道を選手は 登ります
シャーッ
ひー

## いろんな応援

お手製のシールや てぬぐいや応援旗
土井ちゃん
ALLEZ! BLITZEN
選手のぬいぐるみを 作って応援
犬も
山岳王ジャージ
餃子も応援します
それが 宇都宮クオリティ

## チーム・ミルラムの選手

レース終了後
あれ何だろ?
これは?
500 yen
これは?
3000 yen
あ、レースで使ったジャージやシューズを売ってるんだ
ミルラムは来年チームがなくなるからなぁ
これが最後のレースだったんだ…
お祭のおしまいはいつもちょっぴり寂しい
しみじみ…

## 来年の算段

自転車で来ている人いっぱいいたね
来年は輪行で行くか!!
おおっ!?
でも、自転車とデジイチ持つと大変そう
大荷物
着がえと観戦グッズは、全部君に持ってもらうから
ガーン
なにそれ

## スマートな自転車乗りになるために

## 「自転車安全利用五則」って何？

これだけは守りたい最低限のルールです。
かっこいい自転車に乗るなら、
中身もかっこよくありたいですね。

### ❶ 自転車は車道が原則、歩道は例外

自転車は軽車両だから原付に近い乗物なんだ
へー
車道
歩道

### ❷ 車道は左側を通行

だから、車道は左側を走るんだよ
車やバイクと正面衝突したら危険だからね

### ❸ 歩道は歩行者優先で車道寄りを徐行

人が多い時は降りた方が安全だね

※自転車から降りると歩行者扱いになります

④ 安全ルールを守る
●飲酒運転の禁止
飲むなら電車
飲んでしまったら
乗らない勇気
●二人乗り・並進の禁止
リア充爆発しろ!
そもそもルール違反だ
●交差点での信号尊守と一時停止・安全
スーッ
車は止まってるのに
ロード乗りの人が信号無視するの
超かっこわるいよー
●夜間はライトを点灯
ライトは前を照らすだけでなく
自分の存在を車や歩行者に
知らせるアイテムでもあります

⑤ 子どもはヘルメットを着用
子ども用はかわいいメットが多くていいな

思いやりを持ったスマートな自転車乗りになろう!

いろいろな自転車グッズ
優先度
高
低
これがないと走れない！
反射板（バックライト赤）
反射板がついていても赤ライトをつけた方が夜間は安心です
ライト
メインの前照灯は点滅でなく全灯で
ベル
安全のために自転車と一緒に買いたい
アイウェア
UVカットの他、虫やゴミの飛来防止のため
ポンプ
グローブ
ヘルメット
必要に応じてそろえたい
ボトル
水分補給用
自転車に取りつける
ボトルケージも
一緒にどうぞ
サイクルコンピュータ
時速、走行距離がわかると楽しい
心拍計がついているものもアリ
工具など
メンテナンスグッズ
携帯ポンプ
替えチューブもあるといいよ
GPS
スマホを代わりにしてもOK
高価だけどロングライドにはあると安心
輪行袋
折りたたみ、分解した自転車を入れる専用袋
輪行する時には必須

夜間無灯火＋ケータイ＋逆走
マジ危ないからやめてー!!

## サイクルモード2010へ行こう!

サイクルモード in 幕張メッセ
それは自転車界のモーターショー
今年はプレミアムタイム(※)を満喫だっ!!
髪のびてきた
※入場制限ありの先行限定タイム
どよ〜ん
治ってない
じゃ、各自自由行動ってことで解散!
えっ
cycle

## 寝違え

今、思えばコレがいけなかった
リクライニング
翌日
ズキューン!!
首が曲がらん!!
ストレッチしないから…
激痛で仕事もままならず
今週はサイクルモードもあるのに〜
ズキン
ズキン
ズキン
首まくら
仕方がないので開き直る
家事は全部お願いね
寝違え程度でムカツク
ホホホ
マンガ

## 初めてのロードバイク

試乗受付
せっかく来たんだし1台くらい乗らないと
女子向きのロードありますか？
試乗コース
ビュン
ビュン
いたたた
よろ
よろ
危ないよー
流れに乗れなかったらコースから出てね
初めてのロード
挫折
試乗ありがとうございましたー
まっ今日は許そう
タオル
粗品をもらって少し浮上する

## 初心者コーナー

ビギナースクールコーナー
スポーツバイクに乗ったことがない…
今年も初心者コーナーあるんだ
去年
前を向いてそのままペダルを踏んでくださーい
固定ローラー台
先生
あーん はまっちゃった〜
試乗するのに
ピンヒールはいてくるなよ
ペダル

## 相方はまる

お腹すいてきたし
そろそろ呼び出すか・・・
とぅるるる〜
30分後
ちっとも出ない・・・
とぅるるるー
ぐ〜
さらに30分後
なぜ出ない!?
ハンガーノック寸前
彼は開発中のガジェットに夢中だった
ペダリングモニタ最高ー!楽しすぎる
Pioneer
問題発言
10万でも欲しいっ
Android搭載サイコン

## サイクルモードを楽しむ

相方とやっと合流
ごはん補給したから廻るぞー!
見る
竹フレームだって
竹
44万かー。
試着する
どう??
ヘルメット
かわいくない?
変
モノをもらう
もらえるもんはもらわないとなっ
そんなにカタログもらってどうする気ですか?
どっ
さり

## 粉末スポーツドリンク

アミノ飲料
無料試飲中
どうぞー
おいしいですよー
ほんとだ
さっぱりしてる
人工甘味料入ってないし機能性もいいね
こっちはまずいけど飲んでみてください
へー？
そうなんですか？
粉
ほんとにまずかった
※でもよく効いたよ

## スピードチャレンジ

サイクロコンピュータデモンストレーション中！
時速60km/hでオリジナルTシャツ1枚プレゼント！
やってみたら？
うおおおおおー!!
51.0km
59.8km
がくん
すぽっ
あと0.2kmだったのに〜
脱輪させるなよ…
くそー
Tシャツ
お情けでTシャツをゲットし今年のサイクルモードは終了

サイクルモードでは
アンケートにも
マメに答えます
なにか
もらえるから

帰ってからの
カタログチェックも
また楽し♪
2011

## 輪行マスターOさん

同人誌即売会にて
どうぞー
次のマンガのネタどうしようかな
ブロンプトン乗りの輪行好き同人作家Oさん
あ
ども
ねえ輪行企画何か考えてよ
マンガにするからさー
いいですよ
これを他力本願と言います
翌日、企画メールが届く
早やっ


## 輪行企画書

1 青梅蕎麦めぐり
青梅駅以西は単線で本数が少ないから自転車が便利
青梅に点在する蕎麦屋をはしごします
2 草加せんべい買いあさり
本格的なせんべい屋は点在しているので自転車が便利
せんべいを食べまくります
3 三浦半島と魚料理
渋滞が多い地域なので自転車がおすすめ
魚料理や大根がうまいです
熟考の末青梅蕎麦めぐりに決定
全部食いだおれかいっ

## 集合場所まで13km

9時にJR立川駅集合ね
久々のBD-1
集合場所までは自走
相方の立ちゴケ
突然止まるなよ〜
え？
いて
おじいちゃんサイクリストとの交流を経て
えー82才!?若いですねー
2人でサイクリングいいね
大幅に時間をロス
のんびり
遅れてゴメン
いや
でも、顔は怒ってる

## 蕎麦めぐりスタート

日向和田駅に到着
輪行は階段が少ない駅がいいからね
改札入るとすぐホーム
今日は五軒はまわってもらうから
ココとココね
iPadでプレゼン
そんなに食べられないよー
少食
ネタのためじゃないの？
じゃあ最低でも三軒ね
一軒目
まだ開店してない…
いきなりガイド痛恨のミス

## 標高の高いギャグ

蕎麦屋が開くまでみやげ屋に行こう
青梅って走らないとちょっと寒いね
寒いからマフラー買おうかな
草木染めで、いい感じですね
中尾彬です
くるっ
←Oさん
ひょぉぉ
青梅の山
↓

## 蕎麦三昧

一軒目
石挽きそば・並木
量少なめでお願いします
根性ないなー
二軒目
そば処はら
オレ天せいろにしよう
えーっ
大丈夫なの?
どっさり
小鉢3種類
天ぷらたくさん
そば
後悔はしてないっ
もちろん全部食べる!!

## 御岳渓谷

御嶽
JR青梅線
日向和田
至青梅→
今ココ
4.5 km ぐらい
次は少し走って御岳まで行こう
絶対腹ごなしだ・・・・
御岳渓谷
東京じゃないみたい
三軒目・玉川屋
さすがにちょっときついな・・・
三食目もりそば
三軒目で終了
もうそばは・・・
みそ田楽
いわな塩焼
蕎麦じゃないのかよ


## Oさんの努力

御岳から青梅まで一気に下り
○○○○○だよ
青梅からは輪行
××××××××
そして解散
お疲れ!
オレが言った数々のギャグはネタに使っていいからね
ごめん
全部覚えてない

なんだかんだ
言いつつも
さすがにそば処
うまかったです

## 年末の異変

12月某日
12月
忙しすぎて全然自転車に乗れてないよ〜
う〜
どうしたの？
さっき立ちくらみしてから気持ちが悪い・・・
と、言ってたら・・・
翌朝
あぁぁ
相方
めまいが止まらなくなる
病院へ連れてって〜

## めまい

めまいで立ってられない
よくある良性のめまい症ですね
耳の中のバランスを取る石が動いたせいです
2〜3日で治りますよ
そちらは『お母さん』ですか？
・・・ち違います
私もめまいが・・・
目にクマ
髪ボサボサ
よれよれ

## 久しぶりの自転車

入院した方がいいですね
お願いしますっ
う〜
着がえを取りに自転車で病院を往復
もしかして乗るの1カ月ぶり?
往復10kmぐらい
具合どう?
うー
おかあさん…
フッ
うるさいわっ


## ほどほど

2日後、あっさり退院
もう大丈夫
遅れた仕事取り戻さないとね
ん=
乗れなかった自転車分も取り戻すっ
ほどほどにね
ぐっ
退院後1週間で100km以上走っちゃった
ちょっ
ちっともほどほどじゃない

## サドル沼

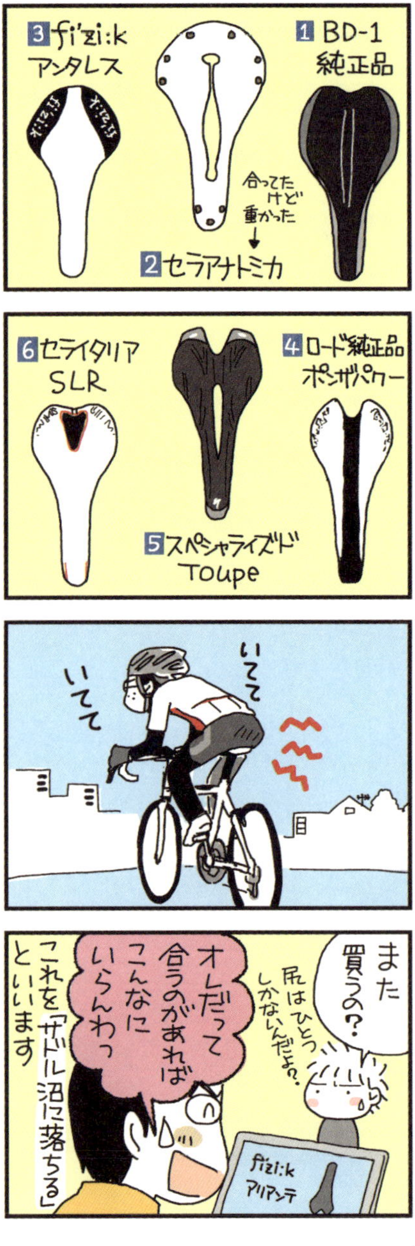
3 fi'zi:k アンタレス
1 BD-1 純正品
合ってたけど重かった
2 セラアナトミカ
6 セライタリア SLR
4 ロード純正品 ポンザパクー
5 スペシャライズド Toupe
いてて
いてて
また買うの？
尻はひとつしかないんだよ？
オレだって合うのがあればこんなにいらんわっ
これを「サドル沼に落ちる」といいます
fi'zi:k アリアンテ

## 相方の悩み

自転車快適に乗れてますか？
♪
えー別に
痛くないよ
うん
痛くなったことないけどー
純正品そのまま使ってるー
なんでオレだけ…
ここに、尻の痛みに悩む人がいます

## お尻問題

定食
いらっしゃいませ
ガラッ
ねえ まだお尻痛い？
ザワザワ
ザワ
シーーーン
何の話？
ああっ
サドルの話です


## 福袋

福袋
5000円！
福袋かー
お得に見えて実際使えるの少ないんだよねー
あんなもの買う人の気が知れないね
フッ
そこまで言う？
でもサドルの福袋があったら買うぞー
4つくらい入ってるといいーー
もはや神頼み

## 真冬に自転車

真冬の自転車
トイレが近いし
W.C.
鼻水も出る
でもいいこともあるんだ
へー?
いつもは激混みサイクリングロードが
ひゃっほー♪
ガラガラ

## 寒い朝

今年は早起きする習慣をつけるぞ!
サイクリストは朝早いしな
朝
う~
寒くてふとんから出られない
チュン
チュン
ねー起きないの?
もう9時過ぎだよ
猫・腕まくら
動けないんだよ~♥
デレ~

## 向い風

寒いよー
びゅううう
帰りは追い風だからがんばろう
びょおおお
帰りも向い風じゃん
うそつきっ
ありがちです

## よく見るサイト

自転車乗りは天気予報をよく見ます
東京アメッシュとか便利
うわー明日雨かよ
自転車乗れないじゃん
為替相場の変動にも敏感です
ムッ
ポンドがまた下がっ…
あ
海外通販
また買うの?

輪行をしてみよう!
自転車で旅に出るコツ
欲望には忠実に
○○を走りたい
○○を食べたい
食い気
ニャー
交通機関と日程を考える
○○駅まで自走すれば乗り換えが少なくすむな
自転車持ってターミナル駅を乗り換えするのは大変なんだよね
重い～
Googleマップでルートチェック
ここを走るなら、前泊した方がいいな
高速バスは自転車の持込を禁止している会社が多いから事前に確認ね
ルートラボで勾配《こうばい》を調べる
距離が短くても登りが多いとその分時間がかかるのよ
あら
けっこう登りが…
週間天気予報をチェックし悪天候の場合は走らない勇気も必要
80%じゃ無理かなー
うーん

http://latlonglab.yahoo.co.jp/route/

旅に必要なアイテム
輪行袋
カギ
補給食
工具・携帯ポンプ
替えチューブ
雨でも走るなら
レインウェア
着がえは
極力少なめに
出発前に
ライトの電池
もチェック
ボトル
ヘルメット
地図
リクセンカウルの
マッチパック
(自転車に荷物を
つけられると楽)
背中の荷物は
なるべく軽めに
自転車は改札を通る
前に、折りたたむか分解し、
必ず輪行袋に入れます
ゼッタイ
ムリ
ぎゅうぎゅう
混雑時の移動は
避けましょう
電車の中では、一番前か
一番後ろ、車椅子スペース
(もちろん車椅子優先で)
など一般乗客の邪魔
にならない場所へ
はじっこ
新幹線や特急
では、車両一番
後ろの席を
取れると安心です
ここの
すき間に
置ける

走り始めたら、まめに水分補給を
暑くなってきた
んぐっんぐっ
走れば走るほどおいしいものが食べられます
自転車が見える席だと安心だね
体調がおかしいと思ったら無理をせずに休み、場合によっては走るのをやめて交通機関を利用しましょう
スマホはあると便利だ〜
特に夏場の過信は禁物熱中症に注意！
宿泊先では、自転車は室内に持ち込みたい
屋内に置いていいですか？
どうぞ
※予約時に確認するのがベター
たくさん走ったら次の日のためにストレッチをしておきましょう
明日も走るぞー！
いてて
『アイスラブ』塗る消炎剤
よい旅が出来ますように！

ビンディングシューズでは
観光できないとお嘆きの
あなたへ

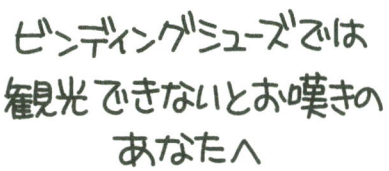

安い
軽い
かさばらない
アチョー
はき替え用にカンフーシューズを1足持っていると便利よ〜

## 新春ポタリング

12月末
忙しかったから すっかり体 なまっちゃったな
ぐぐっ
1月2日は 友達と 山手線一周 走るよ
正月なら 都心は すいてるしね
私も行く！
オレたちは ロードで行く けどいいの？
ロードバイク
速い
折りたたみ
遅い
う？

## さかちゃん

今回の同行者は 相方の幼なじみ さかちゃん
職業はSE
へー 自転車 かー
乗って みてっ
すごく いいよ！！
相方の洗脳で BD-1を買ったと 思ったら
カスタムも したよ
その半年後に 40万のロードバイクを 買ってしまう
おー
類は 友を呼ぶ…

## スタートは新宿

山手線一周は私と相方が新宿スタート時計回りに走行
さかちゃんは池袋で合流
埼京線
池袋
田端
上野
秋葉原
東京
スタート
新宿
原宿
渋谷
大崎
品川
京浜東北線
全駅の写真を撮るのをノルマにしました
JR 高田馬場駅
Takadanobaba Station
相方は、新宿まで20km自走
さみ〜〜
私は、ズルして輪行
ガタタン
ま、今日はリハビリ走行だし…
↑言い訳
ガタタ〜ン

## 分かれ道

池袋で3人合流
よし出発!
相方
あ
?
いきなり前途多難
あっち埼京線なんだけど…
戻ってーっ

## 正月補給食

腹減ったー
メシにしよう
正月だし
山の手線沿線…
おしゃれなレストランとか？
コンKビニ
自転車が心配だからココで買って食べよう
ああ…そうよね
カップめん
サンドイッチ
おにぎり
ずるるっ
さむい…
おしゃれには程遠いよ

## 写真ノルマの弊害

一周40km強と意外と短い山手線一周ですが
へー
山手線
写真を撮るのに駅前に行くのが大変
駅はどっちだ？
この上みたい
どーん
こういう時はかついで登ります
シクロクロスか!?

※シクロクロス：ロードタイプのオフロード自転車で行われるオフロードレース
自転車をかついで障害物を越えることもある。

## 数々の難関

いくつかの登り坂
待って〜
よろ…
進行中のバスにはさまれる
ハンドサインしたのにあぶねーっ
JR
恵比寿駅（西口
Ebisu Station
予定より遅くなったけどなんとか先が見えてきたね
おうっ
しかし、最後の難関が!!
渋谷〜原宿
初詣客に…
今日(2日)初売りだった…
なんじゃこりゃーっ

## ゴールの後に

歩道橋を使ってなんとか原宿を脱出
結局これかよー
新宿〜池袋は走りたくないから直帰するよ
もう疲れたよ…
さかちゃん代々木で離脱
新宿に到着!
ルミネ
おわったー!!
オレはまだ家まで20kmあるけどなっ
自走
あっ…

さかちゃん
SE
↓
帰れない
休めない
買った当初は
忙しすぎて
乗れなかった
らしいです

## ぬるい生活1

私、仕事するね
オレはちょっとしたら走りに行く
ぬく
ぬく
そろそろ走るか…
この日、外気温3度
ガーッ
ツール・ド フランス

## ぬるい生活2

Twitter
仕事
じーっ
じーっ
じーっ
仕事しますっしますからっ
監視されてる？
にゃんこ先生は暖気のわかる男

## ママチャリ問題その後

買い物用自転車を買うか悩んで半年
安いけどメンテナンスがめんどくさいし
雨ざらしになるんだよね
CARRY ME（キャリーミー）
8インチ折りたたみ
5万円over
年末がんばったから買ってもいいよね
これで買い物するには
大きめの帆布リュックがあるといいよね
1万円over
キャリーミーに合うヘルメットも探さなきゃ
新しい自転車購入は夢とお金がふくらみます
Cycle Mode

## 相方の都合

来週、自転車買いに行くんだー
じゃあオレも行く！いつ行く？
金曜平日の方がすいてるし
金曜は仕事するからだめ！
日曜にして！
う、うん
はっ
なんで私の自転車買うのに
相方の都合に合わせなきゃいけないの？

## ケンカの産物

2010年5月
ねえ ロードレース追いかけ観戦用にキャリーミー買っていい?
ついこの間一台買ったばかりなのに!?
30万円
レース写真はコンパクトな機動力が必要なんだよ!
BD-1があるじゃん
折りたたんでも
でかい
重い
あんなかさばる自転車持って行けるかーっ
ユーザーのくせに、ひどい発言
相方のキャリーミーはその時の産物です
勝者
わーーい
ホントは私が欲しいのに~
ムカッック
敗者

## キャリーミーのメリット

軽量でコンパクト
8.5kgぐらい
電車に乗せてもあまり邪魔にならないよ
カート付き
ゴロゴロ
8インチのわりによく走る
ひとこぎ3m91cm!
起動が早い!
折りたたみと展開は十数秒で完了
がしょん
駅から遠い自転車ショップに行くのに便利なんだよねー
まだ何か買うの!?

## 新春特典

新春、購入前夜
2011年モデルは7000円以上も値上げするんだ
型落ちのオレンジがいいかな
形はほぼ同じだし
旧モデルはもう在庫ないんですよー
えー!!
どうしよう予算足りないー
キャリーミーは今年初売りだし特別にこれでどうでしょう?
いいんですか!!
電卓
カチャカチャ
じゃあ、買います2011年限定色をください
ずうずうしい…


## チャリ散歩

スピードは出ないけど
歩道の段差は危ないから降りてね
こういうのが危ない
小回りはきくキャリーミー
こっちか?
なんか同じ自転車でのんびり走るの
久しぶりかも…
ロード買えば一緒になるよ〜
買いなよ〜
そうそう買わんわ!

## キャリーミーでお買い物1

キャリーミーで ちょっと遠いスーパーへ
カギかけた
それでは不十分だ!!
SOEKI
SHOKUHINKAN
よし これでいい
サドルとフロントポストを低くすると子ども用に見えます
ちっさ

## キャリーミーでお買い物2

遠くのスーパーに行くと
ガラ
ガラ
ついつい買い過ぎたりしませんか?
ドーン!
待って! こんなに持って帰れないよ!!
はっ
減らして!
どっさり
おかし
¥100
あぶなかった…
買いすぎ防止になるね
それでもパンパン
キャリーミー意外な効用

## ショートカット

このギャラリー直線距離は近いのに乗り換えがめんどくさいなー
あ
沿線駅で降りてキャリーミーで走ればショートカットできる
目的地
電車賃も時間も浮くし
キャリーミー買ってほんとよかったなぁ
しかし、道に迷う
あれ?
こんな時GPSがあれば…
MAP

## 新たな悩み

今日は結構走ったなー
iPadの「ゆびちず」便利だ〜
キャリーミーにもサイコン欲しくない?
それならEdge 800を買えば?
タッチパネルでGPS機能と心拍計付きBD-1と共有できるよ
へ〜
う
英語版でもこのお値段
Edge800
心拍計
ケイデンス
スピード
¥45,800-
高いっつーの

## フロアポンプ1

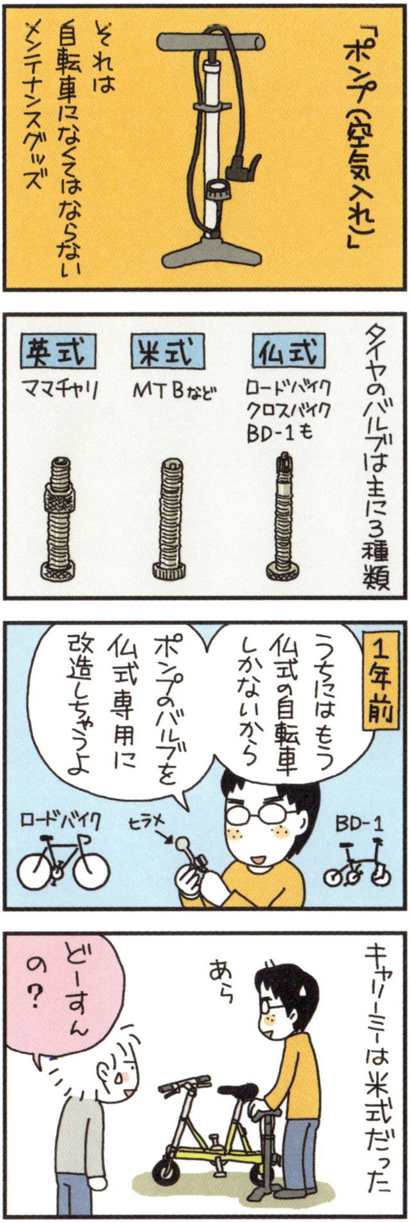

「ポンプ(空気入れ)」
それは
自転車になくてはならない
メンテナンスグッズ
タイヤのバルブは主に3種類
英式
ママチャリ
米式
MTBなど
仏式
ロードバイク
クロスバイク
BD-1も
1年前
うちにはもう仏式の自転車しかないから
ポンプのバルブを仏式専用に改造しちゃうよ
ロードバイク
ヒラメ
BD-1
キャリーミーは米式だった
あら
どーすんの?

## フロアポンプ2

新しく米式バルブのポンプを買うしかないな
昔あったの捨てたしね…
サイクルコーナー
激安!!
¥1000
とりあえずこれでいいか
だめだー!!
キャリーミーにはうまく合わないっ
安物買いの銭失い
そんなわけで
我が家にはフロアポンプが3つあります
ロード BD-1用
キャリーミー用
安物

## 携帯ポンプ1

サイクリング中にもしパンクをしたら？
あれっ
よろっ
そんな時こそ
携帯ポンプ〜
パッ
パラ〜ッ
タイヤをはずし、スペアチューブと交換して
空気を入れる…と
しかし、小さいゆえ入る空気は少ない
はぁっ
はぁっ
はぁっ
200回くらい入れたかしら…
カショ
カショ
カショ
カショ
カショ
カショ
カショ
カショ
カショ

## 携帯ポンプ2

携帯ポンプと修理キットは各々の自分用を持ってます
別行動する時もあるしね
♪
ちょっ
なんで新しいの買ってるの!?
7000km走ってもパンクしないからもっと小さいのが欲しくて…
軽量化だよ!!
一度くらいパンクすればいいのに……
♪
我が家にはポンプが6つあります

## 自転車中心生活

自転車にはまると
生活が自転車を中心に進んでいきます
さかちゃん(職業・SE)の場合
毎週末走ってるよ
へー
自転車アニメが観たくてブルーレイレコーダー買ったんだ
ほほー
茄子 アンダルシアの夏
広い部屋へ引越も考えている
ワンルームに2台は厳しくて
おおー

## 車と自転車

最近、車があってもいいなと思うんだ
買物とか物を運ぶには便利だよね
自転車を積んで遠くにも行けるし
いいなー
やっぱり…
でもまずは免許を取らないと
原付しか持ってない
そこから?

## デジカメ沼

一眼レフ購入
いい写真撮りたいんだよー
SONY
アウトドア用コンデジ購入
自転車だと一眼レフ重いんだよね
だめだーっ
画質が悪すぎる!!
そんなわけでコンパクト一眼買いました
いいよコレ
NEX-5
ちょっまたかい!?


## プレゼント

3月6日は誕生日です
何か欲しいものある?
自炊用の裁断機とスキャナ
iPad
液晶タブレット
高いっ!
使わなくなるよ
どこに置くの?
……
じゃあ自転車用のサングラス
オークリーの高いやつ
そうか〜いつ買いに行く?
自転車中心だと我が家は平和っぽいです

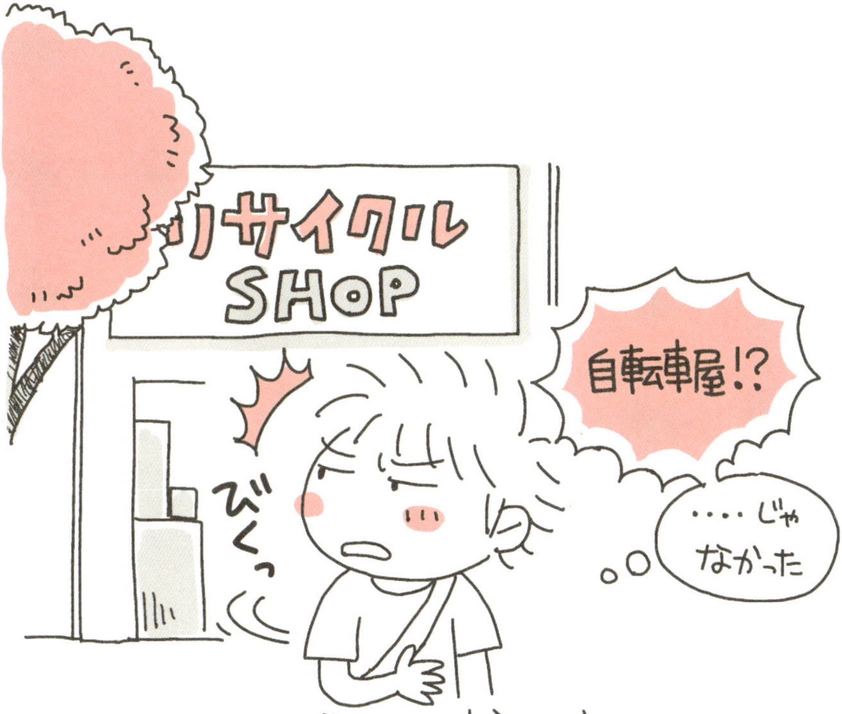
サイクル
SHOP
びくっ
自転車屋!?
····じゃ
なかった

いちいち「サイクル」の文字に反応
してしまう自分が悲しい

# 自走以外のお楽しみ

## ●体験型自転車展示イベント●

サイクルモード（東京・大阪）
湘南バイシクルフェスなどの
大きなイベントの他、
メーカー主催の体験イベントも
ちょくちょくあるので、情報をチェック！

試乗したり 新商品をチェックしたり
メーカーに直接質問やリクエストを出せるチャンス

## ●サイクルロードレース観戦●

アマチュアが参加出来るレースは各地に
たくさんありますが、自分が走るのは
ちょっと…という人は、観戦も楽しいです。

### ツアーオブジャパン（TOJ）

毎年5月に8日間の日程で
関西から東京まで、移動
しながら、各地のステージ
ごとに競うレース。
国内の有力選手他、アジア
などから海外選手が参加。

### ジャパンカップサイクルロードレース

宇都宮で、毎年秋に
行われている
日本最大のロードレース。
海外の有名選手も
たくさん来るので、ファンで
街はあふれかえります

その他にも春から秋にかけて各地でいろいろやってます
情報はネットや雑誌で
冬はシクロクロスレースだね

## ● テレビ観戦 ●

ツール・ド・フランスなど3大ツールから
ワンデイレースまで、
春から秋にかけて、有料放送(Jsports)
でリアルタイム中継を見られます。

Twitterのハッシュタグ「#jspocycle」で日本中のファンと語りながら観戦するのが楽しいです。
おー


## ● 自転車エッセイ・小説・マンガを読む ●

自転車で遠くへ行きたい。
自転車ツーキニスト
たくさんあって書ききれません
シャカリキ!
弱虫ペダル
自転車で痩せた人
じてんしゃ日記
サクリファイス
アオバ自転車店
茄子
Odds
吉田自転車
セカンドウィンド
島旅はいつも自転車で
のりりん
南鎌倉高校女子自転車部
かもめチャンス
自転車は ここを
ロングライダース

## 癒されたい

最近BD-1に乗ってないだろう
うっ
だって〜トレーニング目的で距離走るとか
モチベーション上がらないんだもん
癒されたい……
自転車で温泉行こうよ
うふふ
あはは
自転車置いたまま風呂入って癒されるかーっ!?
心配で心配で
重度の自転車盗難心配性

## 手軽に温泉

じゃあ自転車を見ながら入るのはどう?
足湯
ほかほか
しかも都内で無料
うちから13kmぐらい近いよ
おお
じゃあBD-1でのんびり行くか
まずはタイヤに空気を入れないとな
あんたも乗ってないじゃん
BD-1

## こもれびの足湯

ごみ焼却炉の余熱と地下天然水を利用しての
無料の足湯施設は小平にあります
意外に人がたくさんいるね
常連さん多そう
私、奥に行ってみる
土足厳禁
オレはここでいいよ
自転車置場
じーっ
誰も盗らないってば!

## 年配好み

ぽかぽか
もっと寒い日に来ればよかったね
なんで向こうは大混雑?
しかもお年寄りばかり
うっ
これは…
熱い…
カーッ
これは癒されるというより修行

## 空腹の果てに

お腹すいたー
もうそのへんの牛丼やでもいいよー
牛丼
ちょっと待ってー
近くまで来てるはずなんだけど
やったっ
着いたよ!!
…って
もしかして休み?
CLOSED
Café

## へっぽこGPS

足湯よかったね
もう3時だよお昼ごはんどうする?
サイクルカフェに行こう
場所は調べたからわかるよ
おかしいな遠ざかってる?
そのGPS地図あんまり役に立たないね
ほんっとに役に立たないねーっ
はあはあ
また階段…

## カフェフレンチバルブ

中はどうなっているのかなー
ちょっと
CLO
開店はまだだけど
あら
キイ…
よかったら覗いてみます
？
営業は何時からなんですか？
自転車いっぱい…
普段は夜8時ぐらいからです
夜の店でしたかー
相方、痛恨の調査不足

## 補給SOS

私もうダメ食べていい？
あっ
はらロール
ロール
ココのロールケーキあっさりしておいしいんだよねー
生クリームが豆乳で
食べなくていいの？
ロールケーキはちょっと…
オレは帰るまで我慢するよ
ちょっ
ダメじゃん！
ぼーっ
よろ
よろ
何か食べてーっ
補給は早めにね！

## 世間の印象

世の中には毎日数十キロ走ったり
トレーニングだからね
1日で200~400km走るヘビーな人がいますが
『ブルベ (Brevet)』といって規定のコースを制限時間内に完走することが目的のロングライドイベントもあります
走らないと逆に体調悪くなるんだ~
自転車いいよー
へー
毎日乗ってるんでしょ
すごいねー
いやその
ごめんなさい 私は気が向いた時にしか乗らないぬるいユーザーです

## 飲んだら乗るな

今日は自転車で来たの?
ううん?
ガヤガヤ
なんだー乗ってきたのかと思った
ねえ
飲み会には
乗っていけませんから!!
飲酒運転
ダメ絶対
しかし上には上が
自転車で出かけて飲んだので、帰りは十数キロ歩きました
おおっ

## モテ自転車

BD-1に乗っているとよく声をかけられます
この自転車って折りたためるの？
〇〇駅
へ〜 折りたたんで電車に乗るんだ〜
それ以上に声がかかるのはキャリーミー
これ自転車なの？
ちゃんと走れる？
いくらするの？
へ〜〜
免許更新に行ったら、試験場の人に7人も声をかけられたよ
自分がもてているんじゃないから！
デレ〜
へへへ

## 自転車ナンパ

街やサイクリングロードでいい娘（自転車）を見かけると
おっ
この自転車いいですねー
このコンポとか〜
乗ってる人もかっこいい
つい声をかけてしまうことが
一方、あまりに意外性がありすぎると
かわいいけど…
声もかけられません
オーディナリーバイク
でかっ

ぷはーっ
サイクリングの後の
ビールは最高っす!

## 大震災その時

あ
地震？
カタタタ
カタタ
長いーっ
どんどん揺れが強くなってるよー
ガタガタ
ガタ
ガタタ
その時のにゃんこ先生
ガタ
ガタ
ガタ
数日前にぎっくり腰になって寝ていた相方
腰がー
腰がー
ガタガタ
ガタガタ

## こんなこともあろうかと

うちの被害は自転車が倒れたくらい
大丈夫？
ううっ
とてもラッキーだった
しかし、思ったよりずっと深刻な事態になっていると知り愕然
NEWS
東北沖大地震
そういえば買おうって言ってて
おろおろ
防災用品全然用意してなかったよ！
大丈夫!!
うちにはヘルメットも保存食も(補給食)あるぞ!!
おおっ
カロリーメイト
ウィダーinゼリー
ようかん

## 電力不足

保存食品の買い占めはひどいなー
計画停電で懐中電灯や電池も買い占められてるって
うちは大丈夫だよ
ライトなら自転車用がたくさんあるし
大小合わせて6つくらい
エネループもいっぱいあるよー
各種ガジェット用
どっさり
いつもなら突っ込みを入れるところだけど今は心強い
いつの間にこんな…


## ジテツウマナー

交通機関の混乱から
自転車通勤を始める人が激増
でも逆走したり夜間ライトつけない上に
信号無視する人が多いんだって
信号無視だとー!?
余計危ないぞ!!
そんな奴らには全力で呪いをかけます
前後輪ともパンクして途方にくれますように
おろおろ

## サングラス1

誕生日プレゼントは、サングラスがいいな
うん
と、約束したので
2人で買いに行きました
メガネ ナカジマ
今のサングラスヘルメットしてると浮いてきちゃうんですよ
安物だし
普通、メットのひもの下につけますね
店員さん
えっ
いらぬ恥をかく

## サングラス2

いろいろ試着
かっこいい
これがぴったり!
zerorh+
STYLUS
See Safe
これは調光レンズなんですよ
外で試してみます?
わーっ色が変わった!!
調光レンズいいよー
いいなー
ボクのサングラス調光レンズに変えられますか?
うっかり欲しくなる相方

## 春のウエア

ジーパン ボロボロ じゃん
シャツも よれよれだし
新しいの 買ったら？
春物まとめて 新調するか
しょーがない
高いなー オレはユ〇ク口 でいいよ
普段着はけちるが
これ欲しい んだー
サイクル ロングパンツ ¥12,600
サイクルウエアには サイフのヒモがゆるい男

## 街乗りサイクルパンツ

カジュアルなサイクルパンツ
一見 普通に見えるけれど ストレッチ性に優れ サドルに当たる部分は 補強されている
この色の Sサイズは ありますか？
すみません Mしか残って ないんですよー
試着室
Mだと 大きいかなー
すそ 余らなかったよ
ギリギリ
股下の心配 かい！

## 斬新なヘルメット

最近のヘルメットは
かっこいいのから
カジュアルのまで
たくさん
出てるなー
ちょっと！
すげー
斬新なヘルメット
かぶってる
おじさんが
いたよ！
へー
どんな？
ヘルメット
前後逆
だって
教えて
あげた
こ、これは…!?
似顔絵

## ズボンクリップ

普段着でスポーツ車に
乗る時
ないと意外に困るのが
ズボンクリップ（裾バンド）
チェーンリングに裾が
当たって危ないし
汚れます
ボロッ
うへー
忘れた時の苦肉の策は
あ
しまった
とてもかっこ悪い
くつ下の中に入れる
うう
寒くなかったら
裾をまくった方がスマート

## レーサーパンツ

サイクル用レースパンツ（通称レーパン）はサドルに当たる部分にパッドが付いてます
レーパンをはく時は下着はつけません
キャッ
下着つけると痛くなるのよ
女性の場合、スカートを併用することも多いです
かわいいしね
スカートはなくてもいいのに…
しみじみと
……

## 誰かの自転車

かっこいい自転車
誰のかな
W.C.
ビシッ
モヤ
モヤ
ガーーン
ささっ
あの人鍵かけてなかったー
おそろしい…
ブルブル
突っ込むとこそこかーっ

## さかちゃんのお兄さん

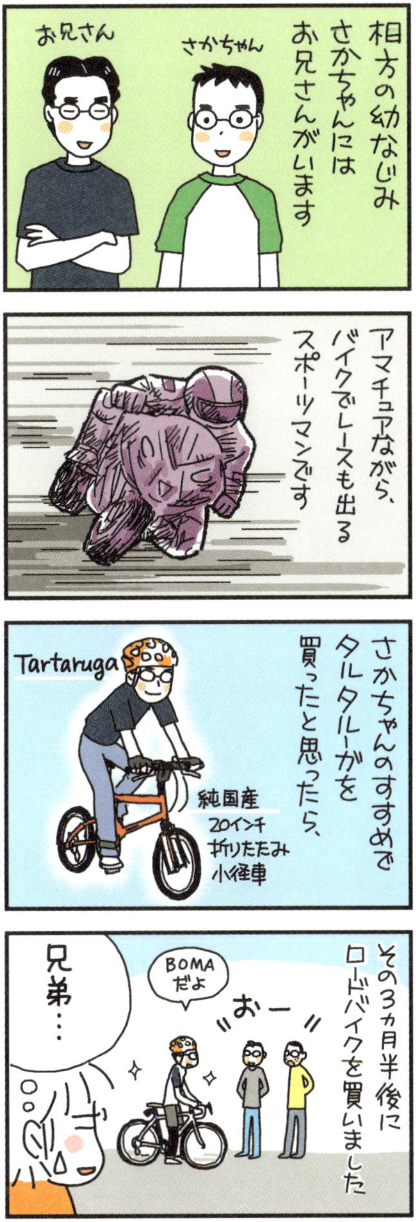

相方の幼なじみ
さかちゃんには
お兄さんがいます
さかちゃん
お兄さん
アマチュアながら、
バイクでレースも出る
スポーツマンです
さかちゃんのすすめで
タルタルーガを
買ったと思ったら、
Tartaruga
純国産
20インチ
折りたたみ
小径車
その3ヵ月半後に
ロードバイクを買いました
BOMAだよ
〃おー〃
兄弟…

## オリジナルジャージ

五島出身が3人
そろったので
このポーズなに?
なぜか3人ともメガネ
五島
五島
五島
五島の守り神・バラモン
をモチーフに
相方デザインで
オリジナルジャージを
作りましたー!
BARAMON
来るべき
本番に
備えて!!
オマケで
買った
本番って
いつ?
なに?
いってきまーす
近所を走ってるだけ

## エンデューロレース

チームバラモンでエンデューロレース(※)に出ない?
コレ!
アンカー
サイクルパーク
フェスティバル
※規定時間内にどれだけ走れるかを競う耐久レース
メンバーは、チームバラモン3人とお兄さんの友人の計4人
さか兄
相方
さか弟
ギマさん
なんでみんなメガネ?
すごい!『本番』じゃん!
ブルブル
レース怖い〜〜
落車したら自転車壊れるー!
やだーっ
そっちかい!

## サイクルパークフェスティバル

サイクルパークフェスティバルは横浜日産スタジアムで毎年行われています
ロードバイクからママチャリ、子どもから大人まで参加できるレース初心者向けのイベントです
キッズレースもあるよ
フルタイムのチーム戦の場合、3.2kmの周回コースを休憩をはさんで合計5時間を交替で走ります
ワーーッ
ガンバレー
時間内に何周走れるかが勝負!
オレの分担一番少なくして〜〜
どんだけ気弱

## 目立つ人々

朝が早いので相方は横浜で前泊
いってらっしゃーい
ブロロロ。。
さか兄の車で輪行
私は仕事が忙しかったので午後から応援に
やってるやってる
えっ!?
仮装して楽しむ人もたくさんいました
オオオ
ママチャリ
そういうレースなの?

## チームバラモン

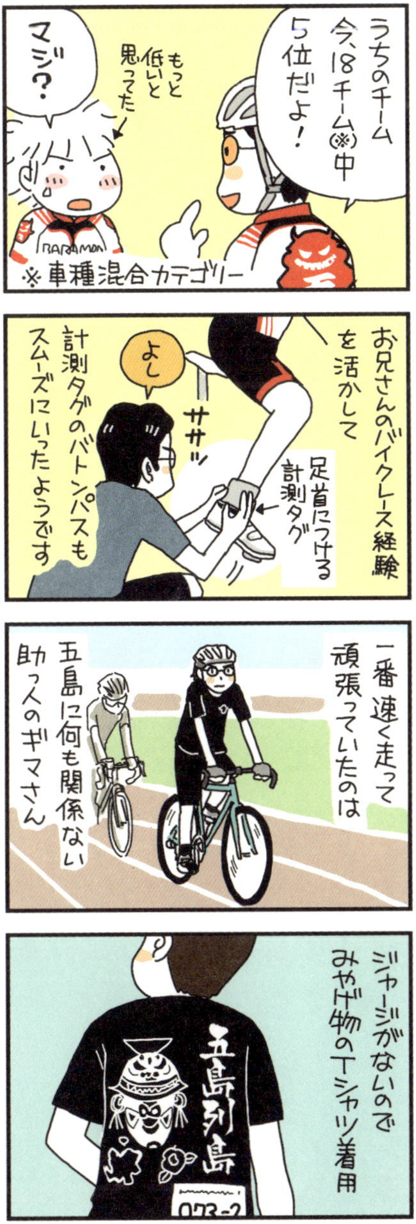
うちのチーム今、18チーム(※)中5位だよ!
マジ?
もっと低いと思ってた
BARAMON
※車種混合カテゴリー
お兄さんのバイクレース経験を活かして
足首につける計測タグ
よし
ササッ
計測タグのバトンパスもスムーズにいったようです
一番速く走って頑張っていたのは
五島に何も関係ない助っ人のギマさん
ジャージがないのでみやげ物のTシャツ着用
五島列島

## チームのエース

あんたたち
クロスバイクの
ギマさんに
負けていいの!?
すでに疲労困憊の
ジャージ＆ロード組
ふ〜
ギマさんは
毎日往復50kmを
自転車通勤
してるんだよ
オレたちとは
鍛え方が
全然違うんだよ!!
ギマさんは
チームバラモンの
エースだ!!
エース
でも、Tシャツと短パン
えっ みんな
ダウン?
オレ
もう一周
走るの?
※しかも、クロスバイクで
五島出身でもない

## 初出場で5位入賞

チームバラモンは、初出場で
5位入賞という結果に
お疲れさまでしたー!!
オレ、初めて
限界まで
出し切ったよ
しみじみ
一番遅かった
くせに…
楽しかった
〜〜
ロード
欲しいな〜
買えない
けど…
ロードバイクカテゴリーになると
勝負にならないから
ダメ!!
あ〜
こうして、チームバラモンの本番は
無事に終了しました

その後
エンデューロよかったなー
走る自信もついたし…
よしっ次のジャージデザインをしよう♪
ネットで仲間集めようかなー♥
そっち行く？

# にゃんこ先生のお留守番

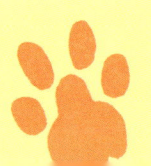

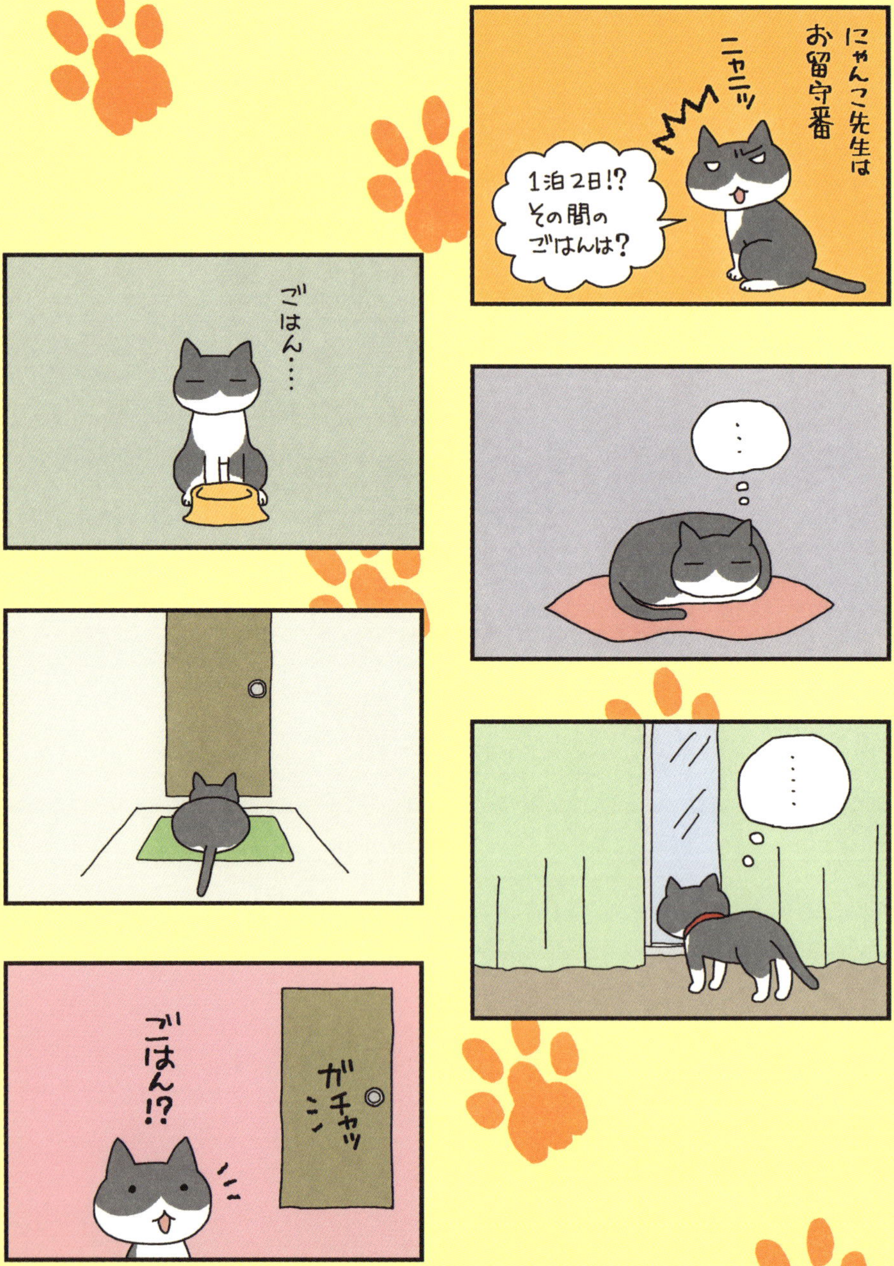
にゃんこ先生は
お留守番
ニヤニッ
1泊2日!?
その間の
ごはんは?
・・・
・・・・・
ごはん・・・・
ガチャッ
ごはん!?

よく知らない人に
ごはんをもらう
友人
ただいまー

泊まりがけや旅行の際、悩むのがにゃんこ先生のお世話です。彼は少々神経質で線の細いところがあるので、環境が変わるペットホテルに預けるのは難しく、知人に預けた時も大暴れしてしまったそうです。

幸い、近いところに友人や家族が住んでいるので、定期的なエサやりとトイレ掃除をお願いし、慣れた我が家で留守番してもらうことに落ち着きました。

留守番中に何をやっているかは、想像の域を出ません。

2012年 春
そういえば この前 五島に帰ってから ずいぶん 経ってるね
そうだな そろそろ 帰らないとな
そう
ついに リベンジを する時が!!
クククク…
どうやって自転車 持って行こう かしら
怖い…
五島 リベンジ!

東京から福江島に行く方法は主に4つ
飛行機を乗り継ぐ
自転車を手荷物として預けるのは心配
飛行機
長崎からジェットフォイル
ジェットフォイルは自転車持込不可
意外にめんどう…
飛行機
長崎からフェリー
着くのが夜になるので港から遠い実家に自走するのは不安
新幹線（5h30）
福岡からフェリー（9h30）
時間かかりすぎて
腰が
死ぬ
ただでさえ遠くて乗り継ぎめんどくさいのに自転車かついで行けるかーっ!!
これに全部入れて送っちゃえー
着がえ
自転車
分解 or 折りたたむ
ビンディングシューズ
ヘルメット
ポンプ
ボトル
なんニャ?
自転車専用の宅配ダンボール箱

分解したのに見本通り入らねーよ
ゴリ
ゴリ
も〜
前輪を私の箱に入れていいから
宅配便を送ってから3日後、長崎へ
留守番にゃ
なんとか詰め込んで東京から五島まで2箱・保険込みで1万円ちょっとでした
がりがり
またどっか行くんニャ〜
※箱は別売りですが、リサイクル可能です。
バックパックひとつで行けるから楽ちんだね
皿うどん
ちゃんぽん
長崎でお昼ごはん
長崎港
フェリー長崎
これに3時間半乗るのか…
ボロッ!
でも天気が心配〜
福江
40%
60%
80%
どんどん悪くなってるよー

※福江島まで、新造船「万葉」と古参の「長崎」が交替で運行しています

春の嵐で船は大揺れ
ビョオオオオー
ぎぼぢわるい〜
酔い止め飲んだのにー
うーんうーん
21時に福江港到着
本なんか読むからだよバーカ
港からは、相方の叔母さんに車で迎えに来てもらいました
あー、結構降ってきた
おばさん
ザーー
ほんとだー
このまま明日も雨だったらせっかくの計画が水の泡だよ〜
ザーッ
あー大丈夫
オイは晴れ男やけん
ザーーーッ

翌日
チュン チュン
ほんとに晴れたー
フフッ
風は強いけどね
玉之浦 富江
岐宿
さあ、行こう！
10時半に富江《とみえ》を出発
1泊2日で時計回りに島を一周する計画で、
今日の目的地は北西部の三井楽《みいらく》です。
三井楽
道の駅
福江
START
富江
大瀬崎
玉之浦
島唯一の道の駅「遣唐使ふるさと館」でバイキングランチを食べるのだ!!
バイキングへ～
五島のうまかもんがいっぱい！（らしい）
食べるためには峠を3つ越えないといけません
はあっ はあっ
ここかーっ トライアスロンも避けた道は
福江島で毎年やっているトライアスロンの国際大会ですらコースからはずしているというきつい峠道です
BARAMON KING
RUN
BIKE
SWIM
42.2km
180.21km
3.8km

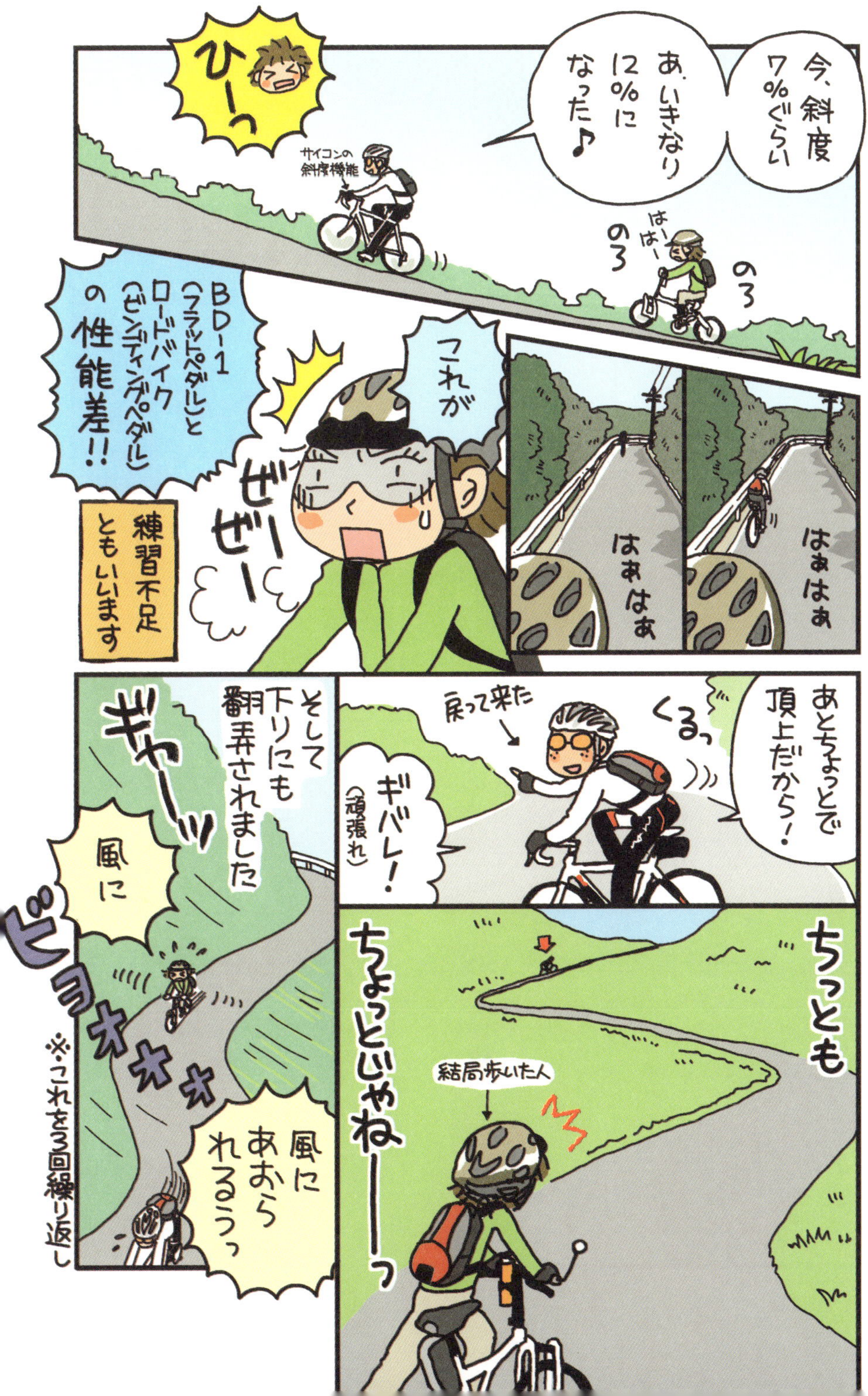
今、斜度7%ぐらい
あ、いきなり12%になった♪
サイコンの斜度機能
はーはー
のろ
のろ
ひーっ
BD-1（フラットペダル）とロードバイク（ビンディングペダル）の性能差!!
練習不足ともいいます
はぁはぁ
はぁはぁ
これが
ぜーぜー
あとちょっとで頂上だから！
くるっ
戻って来た
ギバレ！（頑張れ）
そして下りにも翻弄されました
ギャーッ
風に
ビョオオオォ
風にあおられるうっ
※これを3回繰り返し
ちっとも
ちょっとじゃねーっ
結局歩いた人

玉之浦《たまのうら》町《ちょう》大宝
やっと峠が終わったー
怖かったー
時間ないから大瀬崎《おおせざき》灯台はあきらめて、まっすぐ三井楽に行こう
あとは平坦だから楽ちんだよ！
ちっとも
平坦じゃねーーーっ
ゴオオオオ
荒川温泉・足湯
疲れたーっ
向い風ハンパなかったねー
癒される〜〜〜
♪たらり〜〜♪
らりら〜〜

たらり~♪
らりー
らりらー
らりら~♪
らり~♪
わら わら
おばちゃんがわいてきた!
移動スーパーだよ
こういう店がない小さな集落に来るんだ
わん わん
私も補給食にチョコボールとビスコを購入
その後、高浜を通り
きれー
3時過ぎついに道の駅へ
おなかすいたーっ
バッ、バイキングーッ

※日本一美しいとも言われる日本最西端のビーチ

レストランは2時で終わりました
あ、でも6時からもやりますよ
ああーっ
民宿の晩ごはん予約しちゃったーっ
本日の走行距離たったの46.19kmなのにもうボロボロ
民宿の晩ごはん
峠で足を使い切ったと思ったら、予想以上のアップダウンと向い風だもんなー
入浴後のストレッチ中
今日の平均時速12.7km……
ずいぶん歩いたとはいえ
えっ
遅《お》っせーっ
自転車の差だな
やっぱロード買いなよー
うーん
そうねー
道の駅で売っていた五島牛乳で作ったソフトクリームはおいしかったです
いつかバイキングはリベンジを〜
くそー
…

翌日
BARAMON
パタパタ
レーパン
この日も、10時半という
のんびりタイムで
三井楽を出発
がんばって
くださーい
おはよー
トンネルが多いけど
昨日と比べたら
何て楽なのー
ゆるい
アップダウンと
隠やかな風——
あれっ
なんで
平坦で
ダンシング？
尻が
痛いん
だよ！
ええ、私も痛いです
ついでに言うと
足と腕も筋肉痛です

※ダンシング＝立ちこぎのこと

車と信号が増え始めたねー
福江の街に入ったからねー
がんばれーーっ
そんなにスポーツ自転車がめずらしいのかなー
がんばってください〜
福江港
ここで国道384号線終了
もう着いちゃった
なんて今日は楽なんだー
あの〜もしかしてアイアンマンの人ですか？
違います
そうですかすみません
なんかガッカリ
いえ
聞かれるの2回目だな
あっ
もしかして五島では
ロードに乗っている人
アイアンマン
だから子どもたちも応援してたんじゃーー！
がんばれー
えーっ

※アイアンマン＝トライアスロンをやっている人

ごめんなさい
私たちは
ただの
ヘタレサイクリスト
です――
ズーン
お昼ごはんは相方の昔なじみの食堂「丸幸」で五島うどんを食べました
疲れた体に染みました
さあ
これから
鬼《おに》岳《だけ》に登るぞ!!
また
登りですか
そうですか
BD-1
大変だなー
フラペ
だしねー
ロード
楽だよー
←あきらめて歩いた
鬼岳は五島のシンボル
山頂までは徒歩でしか行けませんが、晴れた日には遠く上五島まで見渡せます

※フラペ＝フラットペダル

なんとか鬼岳を越え
下って登って
トンネルをいくつかくぐると
あ
ついに、3年半前に訪れたサイクリングロードに自分の自転車で来ることが出来ました——
五島よ私は帰って来た！
早く風呂入りてー
さっさと回って帰るぞー
ガクーッ
人が感動しているのに〜
尻が痛かと！
2日目の走行距離は68.67km
距離的には長くないけどものすごく走った気がします

そしてきつい思いをしてもまた走りたいと思うのは
五島牛うまかーっ
晩ごはんが最高においしいからかもしれません
福江島MAP
今回は行かなかったけど女子には教会巡りもおすすめ
自動販売機は所々あるけどお店は少ないので補給に注意
三井楽
道の駅
岐宿
384
高浜
福江
福江港
荒川温泉
福江空港
鬼岳
平均斜度7%の峠3連発
富江
富江サイクリングロード
大瀬崎灯台
絶景!!
玉之浦
今回の補給ポイント
移動スーパーに会えたら
ラッキー
獲得標高約1700m
高浜近くの貝塚教会が好き♪
ところで、今回の旅行
五島ジャージ着てたのに誰にも声をかけてもらえなかったー
くそー〜
相方はこう嘆いてましたが
私は、サングラスのUVカットのすごさを知りました
日焼け止め忘れてた…
くっきり

●おしまい●

# あとがきまんが

このたびは、最後まで読んでくださって
ありがとうございました
ペコ
なんか質問が来てるにゃ
さっ
自転車に乗ったらやせますか？
・・・・
乗り続ければやせるかもしれませんが
実際やせた人は何人もいます
中途半端だと逆に太ります
特に胃腸が強い人は
ばっさりニャー
よく聞かれるんだけど
う〜ん
自転車はやせるために始めても続かないと思うんだよねー
※個人の感想です
続ける原動力は「走ると楽しい！気持ちいい！」ってこと
♪
自分の力で遠くまで行ける！
そして走れば走るほど食べたいものが食べられる!!
そこかーっ

そして
忙しくなって乗らなくなったとたんおまえは太った
ぎくっ
そういうあなたの部屋にいつの間にか1台増えているのはなぜ!?
その青いロードは何?
うっ
KOGA キメラ
ひとり4台くらい普通だっ
自転車は増えるもんなんだよ!!
実は私もこっそりロード貯金を始めました
悔しさもまた走る原動力――
ちくしょーロード買って
ロングライドやってやせて坂でバンバン抜いたるわー
↑ホントか?
20万
最後に単行本化にあたり、編集の齋藤さま
アスキーの村野さま
装丁デザインの関さま
そして、ネタになってくれたみなさま
どうもありがとうございました
ペコ
くるくるライフ
楽しいですよ!

初　出
「ケータイ週アス」（アスキー・メディアワークス）
2010年5月、2010年8月～2011年4月配信分より抜粋したものに、大幅な描きおろしを加えました。

# くるくる自転車ライフ

2012年8月22日　第1刷発行

著　者
こやまけいこ

発行人
堅田浩二

発行所
株式会社イースト・プレス
〒101-0051
東京都千代田区神田神保町2-4-7 久月神田ビル8F
TEL03-5213-4700　FAX03-5213-4701
http://www.eastpress.co.jp/

印刷所
中央精版印刷株式会社

本文DTP
松井和彌

編　集
齋藤和佳

装　幀
関 善之 for VOLARE inc.

ISBN978-4-7816-0803-7 C0095